Paul Alibert

La variation phénotypique et son contrôle

Paul Alibert

La variation phénotypique et son contrôle

Exemples d'apports de la morphométrie à l'étude de l'Evolution

Presses Académiques Francophones

Impressum / Mentions légales

Bibliografische Information der Deutschen Nationalbibliothek: Die Deutsche Nationalbibliothek verzeichnet diese Publikation in der Deutschen Nationalbibliografie; detaillierte bibliografische Daten sind im Internet über http://dnb.d-nb.de abrufbar.

Alle in diesem Buch genannten Marken und Produktnamen unterliegen warenzeichen-, marken- oder patentrechtlichem Schutz bzw. sind Warenzeichen oder eingetragene Warenzeichen der jeweiligen Inhaber. Die Wiedergabe von Marken, Produktnamen, Gebrauchsnamen, Handelsnamen, Warenbezeichnungen u.s.w. in diesem Werk berechtigt auch ohne besondere Kennzeichnung nicht zu der Annahme, dass solche Namen im Sinne der Warenzeichen- und Markenschutzgesetzgebung als frei zu betrachten wären und daher von jedermann benutzt werden dürften.

Information bibliographique publiée par la Deutsche Nationalbibliothek: La Deutsche Nationalbibliothek inscrit cette publication à la Deutsche Nationalbibliografie; des données bibliographiques détaillées sont disponibles sur internet à l'adresse http://dnb.d-nb.de.

Toutes marques et noms de produits mentionnés dans ce livre demeurent sous la protection des marques, des marques déposées et des brevets, et sont des marques ou des marques déposées de leurs détenteurs respectifs. L'utilisation des marques, noms de produits, noms communs, noms commerciaux, descriptions de produits, etc, même sans qu'ils soient mentionnés de façon particulière dans ce livre ne signifie en aucune façon que ces noms peuvent être utilisés sans restriction à l'égard de la législation pour la protection des marques et des marques déposées et pourraient donc être utilisés par quiconque.

Coverbild / Photo de couverture: www.ingimage.com

Verlag / Editeur:
Presses Académiques Francophones
ist ein Imprint der / est une marque déposée de
AV Akademikerverlag GmbH & Co. KG
Heinrich-Böcking-Str. 6-8, 66121 Saarbrücken, Deutschland / Allemagne
Email: info@presses-academiques.com

Herstellung: siehe letzte Seite /
Impression: voir la dernière page
ISBN: 978-3-8416-2009-5

Copyright / Droit d'auteur © 2013 AV Akademikerverlag GmbH & Co. KG
Alle Rechte vorbehalten. / Tous droits réservés. Saarbrücken 2013

La variation phénotypique et son contrôle

Exemples d'apports de la morphométrie à l'étude de l'Evolution

par

Paul Alibert

Table des matières

CADRE GENERAL 3
   L'approche morphométrique 5

PARTIE 1 :
   Quantification morphométrique de la différenciation 7
   1- Etude de la différenciation morphologique à une échelle
   microgéographique : les cas de *C. auronitens* et *C. nemoralis*.. 8
   2- Dynamique de la différenciation au sein d'un complexe
   de sous-espèces : le cas de *C. solieri* 10
   3- Quantification morphométrique de la différenciation
   intra-spécifique : exemple du dimorphisme sexuel
   chez l'aselle *Asellus aquaticus* 19

PARTIE 2 :
   Etude de la relation entre divergence de taxons en voie
   de différenciation et instabilité de développement de
   leurs hybrides 24
      1- Instabilité de développement et hybridation :
      à quoi doit-on s'attendre? 27
      2- Instabilité de développement chez les hybrides au
      sein du complexe *C. solieri*. 30

PARTIE 3 :
   Eléments pour l'étude des mécanismes de contrôle de
   la stabilité de développement 35
      1- Variation phénotypique et instabilité de développement 38
      2- Un exemple de relation asymétrie fluctuante-stress
      environnemental le parasitisme chez *Gammarus pulex* 41
      3- Asymétrie fluctuante chez les oursins : un autre éclairage
      sur l'instabilité de développement 44
      4- De l'asymétrie directionnelle... fluctuante 51
      5- Relation asymétrie fluctuante-valeur sélective
      chez la drosophile 54

PARTIE 4
Des pistes prometteuses dans l'étude du contrôle de la variation
phénotypique 60
   - Méthodes possibles 61
   - Variation phénotypique et stabilité de développement 62
   - Modularité et contraintes morphologiques 66
   - Références citées 71

CADRE GENERAL

Comprendre comment les divergences entre groupes d'organismes peuvent aboutir à l'apparition d'espèces nouvelles est un problème majeur en Evolution. Qu'ils se concentrent sur la notion même d'espèce, sur les modalités de mise en place de la différenciation des populations ou encore sur les facteurs intrinsèques responsables de celle-ci, les travaux relatifs la différenciation et à la spéciation sont particulièrement nombreux (Barton 2001; Coyne & Orr 2004). Il semble même que cet intérêt ce soit accru ces dernières années. La mise en place de nouvelles approches de génétique (en particulier dans le domaine de la génétique quantitative), l'accumulation de données biologiques et paléontologiques, mais aussi l'émergence de questions centrées sur le problème de la notion d'espèce et de l'hybridation inter-spécifique dans le domaine de la biologie de la conservation en sont probablement partiellement responsables.

Force est de constater cependant qu'en dépit de la portée essentielle de la notion d'espèce et de spéciation en Evolution et de l'effort de recherche considérable dans ce domaine, il demeure aujourd'hui une absence de consensus sur le sujet. Une multitude de définitions et de concepts de l'espèce ont été proposés (concepts biologique, typologique, phylogénétique, évolutif...) et l'importance relative accordée aux différents modèles de spéciation (allopatrique, sympatrique...) varie considérablement selon les auteurs (King 1993; Hey 2001; Turelli *et al.* 2001; Via 2001). Les causes de cette absence de vision consensuelle sont nombreuses. Citons par exemple la difficulté de concilier nos méthodes de classement (plus ou moins intuitives) en catégories taxonomiques très délimitées, avec la réalité du processus complexe et graduel que constitue la différenciation (et donc à terme la spéciation). D'autres causes sont à rechercher dans la variété des objectifs des scientifiques travaillant dans ce domaine (par exemple, dans le cadre du débat qui a opposé les partisans du modèle d'évolution graduelle aux partisans du modèle d'évolution ponctuée, les modes de spéciation impliqués sont résolument différents). D'autres raisons encore peuvent être liées aux modèles biologiques étudiés. Quoi qu'il en soit, le sujet reste largement ouvert et, comme le soulignent Turelli *et al.* (2001), les besoins se situent aujourd'hui beaucoup plus dans l'étude de nouveaux exemples et l'obtention de nouvelles données plutôt que dans l'élaboration de nouvelles théories.

Dans ce contexte, une approche possible est de combiner des approches descriptives centrées sur la quantification de la divergence entre taxons en voie de différenciation et des approches plus tournées vers les conséquences de la différenciation en termes de perturbation du développement. Pour cela, les recherches peuvent par exemple s'articuler autour de trois axes majeurs. Le premier peut s'attacher à quantifier la différenciation par le biais d'approches morphométriques et à la mettre en relation avec les patrons de différenciation génétique et avec l'histoire évolutive des taxons considérés. Le second peut se concentrer sur l'étude de la relation entre divergence de taxons en voie de différenciation et instabilité de développement de leurs hybrides. Enfin, le troisième peut avoir pour objectif de viser à mieux comprendre les mécanismes sous-jacents à l'instabilité de développement.

Le présent ouvrage, adapté d'un mémoire d'HDR, est organisé en quatre grandes parties. Les trois premières sont consacrées à la présentation de chacun des trois axes majeurs de recherche évoqués ci-dessus. Pour chacune de ces parties les travaux les plus représentatifs sont brièvement résumés. J'ai tenté autant que possible de reporter le minimum d'informations méthodologiques (celles strictement nécessaires à la compréhension de l'étude ou de ses résultats) et de n'évoquer que les résultats principaux, l'objectif étant d'éviter autant que possible une traduction inutile des articles déjà publiés. Pour tous les travaux évoqués qui ont fait l'objet d'une publication le lecteur est invité à se reporter à la fin du mémoire où il trouvera les références complètes de l'article (les travaux publiés ainsi cités sont signalés par un astérisque lors de leur première citation dans le texte). La quatrième partie présente, après avoir rappelé l'intérêt de l'étude du contrôle de la variation phénotypique, quelques domaines de recherche qu'il pourrait être intéressant de développer dans les années à venir.

L'approche morphométrique

L'étude de la morphologie a toujours joué un rôle central en Evolution. Il serait vain de tenter de proposer ici une liste exhaustive des différents apports des approches morphométriques dans le cadre de recherches liées à l'identification ou la quantification des similitudes morphologiques, la confrontation actuel–passé, l'étude de la sélection et des contraintes ou d'une manière plus générale la liaison entre l'évolution des génomes et l'évolution des phénotypes. La forme des objets biologiques est un élément d'appréciation majeur des phénotypes et un arsenal technique performant est aujourd'hui disponible pour l'étude de ces formes. L'avènement des nouvelles méthodes de morphométrie (en particulier la morphométrie géométrique) permet aujourd'hui de quantifier la variabilité morphologique selon tous ses aspects (notamment par l'étude indépendante de la taille et de la forme) et de traiter l'information contenue dans la morphologie comme n'importe quelles données quantitatives (Rohlf & Marcus 1993; Adams *et al.* 2004). Ces nouvelles techniques d'investigation du vivant ont en commun de ne plus se fonder sur des mesures euclidiennes (les mensurations) mais sur les coordonnées de points de repères ou de points sur le contour numérisés par analyse d'image sur les structures morphologiques étudiées. La quantification de la divergence morphologique couplée avec des méthodes de représentation qui en facilitent l'interprétation – par exemple les grilles de déformation ou *Thin Plate Spline* (Bookstein 1991) ou les transformées de Fourier (Kuhl & Giardina 1982; Rohlf & Archie 1984) – constituent un outil d'une très grande efficacité pour l'approche des taux, des rythmes et des modalités de l'évolution morphologique. Les différences de forme entre individus ou échantillons sont alors analysées par le biais des méthodes statistiques multivariées classiques réalisées sur les paramètres obtenus à partir des fonctions d'ajustement (voir David *et al.* (2004) pour une présentation des espaces morphologiques). Le développement de la morphométrie géométrique doit beaucoup aux travaux de F. L. Bookstein et de F. J. Rohlf (cf. Rohlf & Marcus 1993). Grâce aux diverses méthodes d'acquisition (analyse d'image) et de morphométrie géométrique, la très classique morphologie – dont la contribution à l'étude de l'évolution des espèces est, depuis Darwin, considérable – s'est incontestablement dotée des qualités d'une science moderne reposant sur une technologie performante et en constante amélioration.

PARTIE 1

Quantification morphométrique de la différenciation (et mise en relation avec les patrons de différenciation génétique et avec l'histoire évolutive des taxons considérés).

La majorité des modèles de spéciation (notamment allopatrique et parapatrique dans le cadre du très répandu concept biologique de l'espèce) présuppose une phase de différenciation durant laquelle des mécanismes d'isolement reproducteur vont se mettre en place (Dobzhanski 1970; Mayr 1970; Coyne & Orr 2004). Sous la vision néodarwinienne classique, la différenciation[1] entre populations de la même espèce est la conséquence de l'effet prépondérant des forces évolutives responsables de l'apparition et du maintien des différences dans les pools géniques des populations (mutations, sélection, dérive génétique), par rapport à l'effet du flux génique (qui tend à homogénéiser ces mêmes pools géniques). Si les conditions évolutives semblent bien identifiées, le problème de la spéciation est cependant loin d'être résolu. Parmi les questions essentielles qui demeurent on peut citer les suivantes: quel est le temps nécessaire pour que la différenciation mène à l'isolement reproducteur ? La différenciation concerne-t-elle, de la même manière, l'ensemble du génome ? Est-ce que certains caractères ou certaines fonctions ont un rôle prépondérant dans l'isolement reproducteur ?

Il est aisé d'imaginer que la réponse à ces questions ne peut venir de l'étude unique du produit de la spéciation à savoir les espèces elles-mêmes. L'examen, au sein de l'espèce, de la différenciation entre les populations plus ou moins

---

[1] Que l'on définira ici simplement comme la résultante de l'accumulation des différences.

différenciées est une approche incontournable. A cette échelle plusieurs niveaux d'étude sont possibles. Un premier niveau peut se situer à l'échelle de populations géographiquement plus ou moins isolées mais ne présentant pas forcément d'éléments laissant supposer un processus de spéciation avancé (absence de caractères diagnostiques par exemple). Le travail que nous avons mené sur les carabes *C. auronitens* et *C. nemoralis* s'inscrit dans cette démarche. Il nous a, entre autre, permis d'appréhender quels pouvaient être les niveaux de différenciation morphologique en relation avec l'isolement géographique des populations mais aussi en relation avec la biologie des espèces. Il a également été un moyen de tester la puissance des méthodes de morphométrie géométrique (voir paragraphe 1 ci-dessous). Un deuxième niveau d'étude concerne les situations où la différenciation inter-populationnelle est plus avancée et en particulier les cas où des entités différenciées sont reconnues (on identifie par exemple des sous-espèces). Un champ d'investigation plus large s'ouvre alors et il devient particulièrement informatif d'inclure l'étude des individus hybrides. C'est à cette échelle que s'inscrivent les travaux conduits sur le carabe de Solier (voir paragraphe 2 ci-dessous)

1- Etude de la différenciation morphologique à une échelle micro-géographique : les cas de *C. auronitens* et *C. nemoralis*

Résultats publiés sous la référence:
Alibert, P., B. Moureau, J.-L. Dommergues, and B. David (2001) Differentiation at a microgeographical scale within two species of ground beetles, *Carabus auronitens* and *C. nemoralis* (Coleoptera, Carabidae): a geometrical morphometric approach. *Zoologica Scripta* **30**:299-311. *

La fragmentation et la destruction des habitats sont considérées comme les causes majeures de déclin de la biodiversité. Cependant, si beaucoup d'études se concentrent sur les facteurs de disparition des espèces liés à cette altération des habitats, peu s'intéressent à une conséquence moins négative : la différenciation des populations (et donc à terme éventuellement l'apparition de nouvelles espèces) dans les fragments restants. Dans ce cadre, nous avons voulu mesurer l'impact de la fragmentation de la forêt sur la différenciation et la variabilité morphologique de deux espèces de carabes forestiers du genre *Chrysocarabus*. A partir d'échantillons prélevés sur le terrain (dans la région de Dijon), nous avons apprécié les niveaux de différenciation morphologique (de taille et de forme) entre populations géographiquement proches (de l'ordre du kilomètre) et populations plus éloignées (de l'ordre de la quarantaine de kilomètres). L'influence de divers facteurs écologiques tels que la présence de barrières naturelles (routes, cours d'eau, surfaces exploitées) a également été considérée.

Nous avons pu mettre en évidence une différenciation morphologique (de taille comme de forme) significative entre les populations les plus éloignées (distantes d'une quarantaine de kilomètres) pour l'espèce la plus inféodée aux habitats forestiers (*C. auronitens*). A l'inverse, entre les populations géographiquement proches (de l'ordre du kilomètre) aucun rôle significatif des barrières physiques à la dispersion n'a été noté. Dans leur ensemble ces résultats indiqueraient que (1) la distance géographique a un rôle plus important que celui joué par les barrières physiques pour ce type d'organisme (rappelons ici que les carabes ont perdu la fonction du vol), et que (2) les méthodes de morphométrie utilisées s'avèrent très bien adaptées à ce type d'étude à l'échelle intra-spécifique. L'absence de différenciation significative entre les populations de *C. nemoralis* pourrait être liée au caractère plus sténotopique de cette espèce: moins strictement inféodée aux habitats forestiers les populations doivent certainement être plus interconnectées.

Cette étude a apporté des enseignements précieux en termes de connaissance du matériel biologique, d'adaptation des différentes approches méthodologiques ou encore du choix des caractères à étudier. Néanmoins la morphométrie n'est qu'un outil et son utilisation prend tout son sens dans la confrontation, quand cela est possible, avec d'autres approches et notamment les approches de génétique. Dans le cas des modèles *C. auronitens* et *C. nemoralis* aucune donnée de structuration génétique des populations n'était disponible et pour diverses raisons le choix n'a pas été fait d'entamer des recherches dans cette direction. En particulier à cette même période (1998-1999) des opportunités de collaborations avec J.-Y. Rasplus (INRA-Centre de Biologie et de Génétique des Populations de Montpellier) se sont présentées pour travailler sur une autre espèce de chrysocarabes, le carabe de Solier *C. solieri*. Ce modèle, tout en restant dans le cadre des chrysocarabes, présentait deux atouts majeurs: (1) il permettait de travailler à une échelle plus "avancée" de différenciation (au niveau de la sous-espèce) et (2) il bénéficiait d'un corpus de données de génétique des populations et de phylogénie moléculaire non négligeable.

2- Dynamique de la différenciation au sein d'un complexe de sous-espèces : le cas de *C. solieri*

C. solieri est une espèce de carabe forestier protégée, dont l'aire de répartition s'étend du massif de l'Esterel aux Alpes Liguriennes. La caractéristique certainement la plus remarquable de cette espèce est son très grand niveau de variabilité intra-spécifique en dépit d'une aire de répartition somme toute très limitée. De nombreuses variations de forme, de taille, de couleur mais aussi génétiques ont été décrites (Bonadona 1967; Darnaud *et al.* 1978; Rasplus *et al.* 2001). En conséquence, la systématique infra-spécifique de cette espèce demeure imprécise, le nombre de sous-espèces variant de trois à six selon les auteurs. Les évènements d'hybridation entre les différentes entités semblent par ailleurs fréquents. L'ensemble de ces éléments souligne l'intérêt du modèle *C. solieri* dans le cadre de nos thématiques générales de recherche puisque cette espèce semble être le siège d'une dynamique active de spéciation. Trois raisons au moins pourraient expliquer ces niveaux élevés de différenciation : (1) les capacités de dispersion limitées de l'espèce (les ailes membraneuses sont dégénérées et ne subsistent plus qu'à l'état vestigial), (2) le relatif isolement des populations en raison de la fragmentation de l'habitat forestier et (3) les oscillations climatiques pléistocène avec pour conséquence une succession de phases de rétraction et d'extension de l'aire de répartition (Garnier 2003). La figure 2 présente l'aire de répartition de *C. solieri* et mentionne les limites géographiques de 6 groupes de populations distinguables par la couleur et la localisation géographique (notons ici que ces groupes n'ont pas de valeur taxonomique mais permettent une description s'affranchissant de la confusion régnant autour de la systématique).

Dans ce contexte notre étude avait pour objectif général de mettre en relation les patrons de différenciation et d'introgression de différents marqueurs génotypiques et phénotypiques.

La structuration génétique

Résultats publiés sous la référence:
Garnier, S., P. Alibert, P. Audiot, B. Prieur, and J.-Y. Rasplus (2004) Isolation by distance and sharp discontinuities in gene frequencies: implications for the phylogeography of an alpine insect species, *Carabus solieri*. *Molecular Ecology* 13:1883-1887. *

Une première étape de ce travail a été d'augmenter très significativement les données sur la structuration génétique des populations de *C. solieri*. Ce travail, réalisé au CBGP à Montpellier par Stéphane Garnier s'est notamment basé sur l'étude de 10 marqueurs microsatellites. Une analyse d'isolement par la distance couplée à une analyse de partition a été réalisée sur un échantillon de plus de 1000 individus répartis sur 41 localités (voir Garnier et al. 2004 pour un détail de la méthodologie employée). Quatre groupes génétiques principaux ont ainsi pu être identifiés (Rasplus *et al.* 2001; Garnier *et al.* 2002; Garnier *et al.* 2004). Un premier groupe correspond aux populations de Bonnetianus (plus certaines populations de Curtii), un deuxième rassemble les populations de Solieri-C, de Clairi et les populations restantes de Curtii, un troisième groupe comprend l'ensemble des populations de Solieri I mais se subdivise en deux en séparant les populations de l'Est de celles de l'Ouest.

C'est dans ce contexte génétique clarifié qu'il devenait particulièrement intéressant de voir s'il existait une concordance dans les patrons de structuration génétique et morphologique.

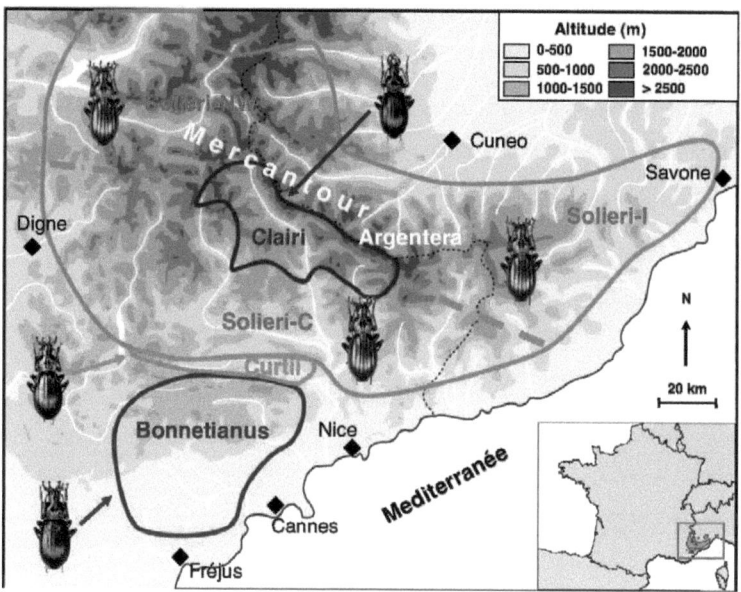

Figure 2 : Aire de répartition de l'espèce *C. solieri*. Les limites des aires de répartition des 6 groupes définis sur la base de la couleur et de la géographie sont indiquées.

La structuration morphologique

Résultats publiés sous la référence:

Garnier, S., F. Magniez-Jannin, J.-Y. Rasplus, and P. Alibert (2005) When morphometry meets genetics: inferring the phylogeography of *Carabus solieri* using Fourier analyses of pronotum and male genitalia. *Journal of Evolutionary Biology* 18:269-280. *

L'étude morphométrique a porté sur la forme du pronotum et des édéages (génitalia externes) mâles. Ces deux structures ont été retenues en raison de leur utilisation fréquente dans les études de systématique des carabes. Ce sont par ailleurs des structures sclérifiées très rigides et par conséquent certainement peu sujettes aux déformations liées à la conservation des spécimens dans l'alcool. Les pronotums comme les édéages ne présentent que très peu de points de repères facilement identifiables, nous avons choisi de réaliser des analyses de contour par le biais des transformées de Fourier. Le principe de ces analyses est que l'échantillonnage des points le long du contour fournit un signal qui est décomposé en une somme de fonctions trigonométriques de longueurs d'onde décroissantes (appelées harmoniques). Chaque harmonique est caractérisée par une paire de coefficients, les coefficients ou descripteurs de Fourier (il s'agit d'une paire de valeurs correspondant à la phase et à l'amplitude, ou de deux coefficients a et b reliés mathématiquement à la phase et à l'amplitude). Le signal périodique issu du contour a dans notre cas été obtenu par échantillonnage des variations des coordonnées cartésiennes (x,y) en fonction de l'abscisse curviligne de 128 points équidistants. Une approche [analyse de Fourier discrète ou *Dual Axis Fourier Shape Analysis* en anglais (Moellering & Rayner 1981, 1982; Bertin *et al.* 2002)] utilisant une notation complexe des coordonnées (Z=X+iY) a ensuite permis le traitement simultané des valeurs des abscisses et des ordonnées (ces deux paramètres sont traités séparément dans le cas de la plus classique transformée de Fourier elliptique). Des analyses préliminaires ont montré qu'en combinant l'information issue des calculs d'erreur de mesure à celle des qualités de reconstruction des contours *via* les transformées de Fourier inverses il était opportun de retenir 15 harmoniques dans le cas du pronotum et 12 dans celui de l'édéage. Au total 1094 individus provenant de 41 localités ont été étudiés pour le pronotum et 310 individus provenant de 24 localités pour l'édéage.

Concernant la taille, les ANOVA réalisées sur les valeurs des racines carrées de la surface des structures étudiées ont révélé des différences significatives de taille entre les échantillons pour les deux structures morphologiques (pronotum: $F_{40,1053}=36.55$, $p<0.0001$ et édéage: $F_{23,286}=36.38$ et $p<0.0001$). Il existe une corrélation significative et négative entre taille et altitude plus marquée pour le pronotum ($R^2=0.49$, $F_{1,39}=36.89$, $p<0.001$) que pour l'édéage ($R^2=0.18$, $F_{1,22}=4.75$, $p<0.001$). En revanche, il n'existe pas de patron de variation de la taille en liaison avec les différents groupes de populations (Bonnetianus, Curtii, Clairi, Solieri).

Concernant la forme, les MANOVA réalisées sur les variables de forme (les coefficients de Fourier) indiquent que la forme du pronotum varie de façon significative entre les populations (MANOVA, Wilk's lambda=5.4 10^{-5}, $F_{2400, 33514.18}$=4.80, p<0.0001). La projection des scores moyens des populations sur les deux premiers axes factoriels de l'analyse discriminante est représentée sur la figure 3. Trois groupes de populations s'individualisent (ils sont distingués sur la figure par des contours en traits pleins et en pointillés). Le premier correspond à la quasi-totalité des populations du groupe Bonnetianus, le deuxième correspond aux populations du groupe Solieri-NW et le troisième est constitué des autres populations. Notons également que sur le premier axe factoriel, les populations sont approximativement ordonnées selon leur latitude. Les contours reconstruits indiquent que ce sont essentiellement les bords latéraux des pronotums qui sont concernés par les changements de forme.

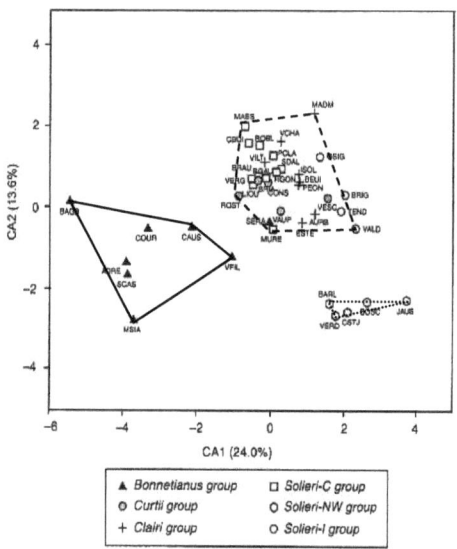

Figure 3 : Espace morphologique défini par les deux premiers axes canoniques et construit à partir de l'analyse des contours des pronotums. Seuls les centres de gravité des populations sont représentés sur la figure. Les symboles désignent les groupes définis à partir des analyses génétiques

De la même manière il existe une variation de forme significative sur les paramètres de forme décrivant l'édéage (MANOVA: Wilk's lambda=3.2 10^{-4}, $F_{552, 4468.34}$=5.03, p<0.0001). La projection des scores moyens des populations sur les deux premiers axes factoriels (représentant un peu plus de 50% de la variation) ne permet pas une individualisation de groupes de populations aussi distincte que dans le cas du pronotum mais les positions relatives des populations respectent une certaine logique, le groupe Bonnetianus reste excentré et le groupe Solieri-I se situe à l'autre extrémité de l'espace morphologique (figure 4). La distinction entre les groupes Solieri-I et Solieri-NW est moins nette pour la forme de l'édéage que pour celle du pronotum. Les reconstructions des différents contours moyens indiquent que les variations de forme de l'édéage demeurent très subtiles.

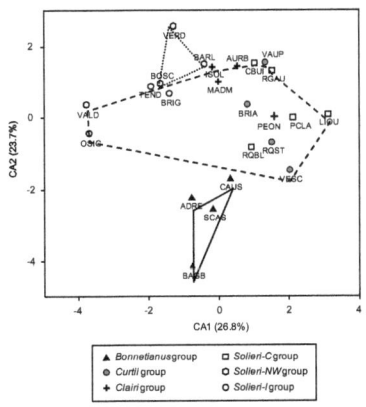

Figure 4 : Espace morphologique défini par les deux premiers axes canoniques et construit à partir de l'analyse des contours des édéages. Seuls les centres de gravité des populations sont représentés sur la figure. Les symboles désignent les groupes définis à partir des analyses génétiques et de la couleur (d'après Garnier *et al.*, 2005).

Les tests de Mantel indiquent que les distances morphologiques entre populations (distances de Mahalanobis dans les espaces discriminants précédemment obtenus) sont significativement corrélées aux distances génétiques d'une part et aux distances géographiques d'autre part (tableau I). Cependant, les tests de corrélations partielles révèlent que seules les corrélations entre distances morphologiques et génétiques demeurent significatives lorsque l'on tient compte de leur éloignement géographique.

Tableau I : Résultats des tests de corrélations de Mantel simples et partielles entre distances morphologiques, géographiques et génétiques. Les corrélations significatives sont indiquées en gras.

	Pronotum		Edéage	
Tests de Mantel simples	r	p	r	p
Morpho – Géo	**0.46**	**0.0001**	**0.40**	**0.0150**
Morpho – Génét	**0.69**	**<0.0001**	**0.59**	**<0.0001**
Tests de Mantel partiels	r'	p	r'	p
Morpho – Géo – Génét	0.09	0.1800	0.12	0.1700
Morpho – Génét - Géo	**0.58**	**<0.0001**	**0.48**	**<0.0001**

Ce travail a montré qu'il existait au sein de l'espèce *C. solieri* une différenciation morphologique importante. Un élément témoignant en faveur de la solidité de nos résultats et que les patrons de variabilité obtenus à partir des deux structures morphologiques considérées sont globalement congruents. Notons cependant que ces derniers contrastent avec des études antérieures basées sur des approches de morphométrie traditionnelle (portant, entre autre, sur le pronotum) menées par Bonadona (Bonadona 1967, 1973). Cet auteur conclut notamment à une séparation de certaines populations au sein du groupe Bonnetianus et à une distinction entre les groupes Clairi et Solieri-C. Nos résultats n'appuient aucun de ces deux éléments. La faiblesse de l'échantillonnage, la valeur peu informative des caractères mesurés pour retranscrire les variations de forme du pronotum, l'erreur de mesure potentielle ou encore la non indépendance des éléments permettant la définition des entités (morphométrie et couleur) sont autant d'éléments qui nous ont amené à discuter de la validité des résultats de Bonadona (Garnier *et al.* 2005).

Un des intérêts de notre travail sur *C. solieri* résidait dans la confrontation des résultats entre approche génétique et approche morphométrique. La congruence des résultats issus des deux études démontre, si besoin en était, tout l'intérêt de cette double approche. Plus spécifiquement ils montrent également que les méthodes de morphométrie géométrique permettent de détecter des différences morphologiques à la fois subtiles et complexes. Ils sont une illustration supplémentaire que ces méthodes peuvent être des outils puissants même à de faibles niveaux taxonomiques (Baylac & Daufresne 1996; Adams & Funk 1997; Alibert *et al.* 2001; Baylac *et al.* 2003).

A l'issue de l'étude de structuration génétique des populations nous avions avancé trois hypothèses pour tenter de préciser la phylogéographie de l'espèce. L'étude de morphométrie nous a permis d'en favoriser une, celle envisageant que les groupes Solieri-C et Clairi qui forment une entité génétique propre proviennent d'une large introgression entre les deux entités représentées aujourd'hui par les groupes Bonnetianus et Solieri-I (voir Garnier et al., 2005 pour une discussion détaillée).

L'étude quantitative de la couleur

L'étude d'un caractère original mais primordial (car il est un élément important de la systématique du groupe), la couleur, a été réalisée par le biais d'une collaboration avec le laboratoire "Electronique, Informatique et Image" de l'université de Bourgogne. Les couleurs des élytres et des pronotums des carabes ont été quantifiées (mesure des niveaux de RVB) et fournissent une mesure objective qui peut être utilisée comme un marqueur au même titre que les marqueurs génétiques ou morphométriques. Cette quantification une partie du travail de thèse de Stéphane Garnier. L'étude comparative des profils d'introgression des différents marqueurs (génétique, morphologique, couleur) n'a, faute de temps, pour l'instant pas encore été conduite. Elle devrait permettre, au sein des zones d'échanges génétiques, une étude plus fine des forces sélectives impliquées dans la différenciation.

3- Quantification morphométrique de la différenciation intra-spécifique : exemple du dimorphisme sexuel chez l'aselle *Asellus aquaticus*.

Résultats publiés sous la référence:
Bertin, A., B. David, F. Cézilly, and P. Alibert (2002) Quantification of sexual dimorphism in *Asellus aquaticus* (Crustacea: Isopoda) using outline approaches. *Biological Journal of the Linnean Society* **77**:523-534. *

Ce travail porte sur la relation entre variabilité morphologique et sélection intra-sexuelle chez le crustacé isopode *Asellus aquaticus*. L'étude du dimorphisme sexuel dans un chapitre consacré à la quantification morphométrique de la différenciation peut paraître surprenante. En effet, il ne s'agit pas ici d'une démarche visant à identifier et quantifier des différences révélatrices, voire participantes, d'une divergence pouvant conduire à la spéciation, mais plutôt d'étudier les forces sélectives impliquées dans certains mécanismes de sélection sexuelle. Si la question de fond est différente, la démarche méthodologique est néanmoins similaire puisque notre objectif était d'identifier des variations intra-spécifiques, parfois subtiles, mais aussi de les quantifier de manière à pouvoir comparer différents groupes d'intérêt.

Chez l'aselle, la copulation est précédée d'une période appelée gardiennage pré-copulatoire durant laquelle le mâle reste agrippé à la femelle (et le reste jusqu'à ce que l'insémination soit possible). Ce comportement est responsable d'un dimorphisme sexuel, en particulier au niveau de la première et de la quatrième paire de péréiopodes (pattes ambulatoires) qui présentent respectivement des apophyses et sont réduits et courbés chez les mâles. L'objectif de l'étude était double puisqu'il il s'agissait (1) de tester si le dimorphisme sexuel était quantifiable et (2) de voir si le dimorphisme sexuel de forme était exclusivement relié au comportement sexuel pré-copulatoire. La réponse à ce deuxième objectif passait par l'étude de caractères morphologiques non impliqués dans ce comportement sexuel.

Au total 5 caractères morphologiques ont été considérés: le protopodite du péréiopode 1, les carpopodites des péréiopodes 4 et 5, la tête et le pléotelson (voir figure 1 dans Bertin *et al.*, 2002*). Les deux premiers caractères étaient connus pour être dimorphiques, les trois autres non. La taille et la forme ont été analysés par le biais des transformées de Fourier discrètes appliquées sur les contours de ces caractères. Une analyse préliminaire de l'erreur de mesure a montré que la tête et le péréiopode 1 étaient mesurés avec trop d'imprécision puisque la variabilité entre séries de mesures sur les mêmes individus pouvait être supérieure à la variabilité inter-individuelle. Ces deux caractères ont par conséquent été exclus des analyses. Le dimorphisme sexuel a été analysé qualitativement par inspection des espaces des formes obtenus *via* des ACP sur les coefficients de Fourier. Un dimorphisme sexuel de taille existant chez l'aselle, des MANCOVA ont été réalisées de manière à tester l'effet potentiel de relations allométriques (variables dépendantes: amplitudes standardisées, effet: sexe, covariable: taille).

Les deux résultats majeurs de cette étude sont les suivants. Le premier est que le dimorphisme sexuel de forme est important et présent sur les trois caractères finalement retenus. Rappelons ici que deux (péréiopode 5 et pléotelson) n'étaient pas identifiés jusqu'alors comme dimorphiques. La nette séparation des individus mâles et femelles est visible sur la figure 5 (même si elle est moins marquée pour le pléotelson). Le deuxième résultat est la différence de forme significative notée entre les mâles appariés et les mâles non appariés pour le péréiopode 4 et le pléotelson. Ce qui est remarquable dans ce résultat c'est que morphologiquement les mâles non appariés semblent se situer entre les mâles appariés et les femelles (visible également sur la figure 5). L'utilisation de transformées de Fourier inverses permet de constater que cette différence entre mâles appariés et non appariés concerne les mêmes parties des structures étudiées que celles impliquées dans le dimorphisme sexuel.

Nos résultats vont dans le sens de l'idée proposant que la compétition entre mâles est un déterminant majeur de l'évolution du dimorphisme sexuel chez l'Aselle (Vandel 1926; Balesdent 1964). Le gardiennage pré-copulatoire semble avoir une influence sur la morphologie des aselles puisque les différences de forme mises en évidence entre mâles appariés et non appariés suggèrent que c'est la sélection sexuelle, au travers des capacités d'appariement des mâles, qui pourrait être en partie responsable du dimorphisme sexuel entre ces deux caractères. Ce sont d'ailleurs les mêmes régions des caractères étudiés qui sont concernées par les différences entre mâles et femelles, et entre mâles appariés et non appariés. Notons tout de même qu'un dimorphisme sexuel a également été noté pour le péréiopode 5, caractère pour lequel il n'y a pas de différences en fonction du statut d'appariement. Cet élément suggérerait que le gardiennage pré-copulatoire n'est pas le seul facteur responsable de l'évolution de la forme des caractères. Un paramètre biologique tel que le comportement de recherche du partenaire (développé chez les mâles, absent chez les femelles) peut fournir une explication alternative.

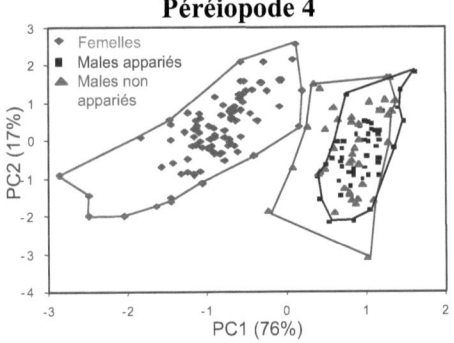

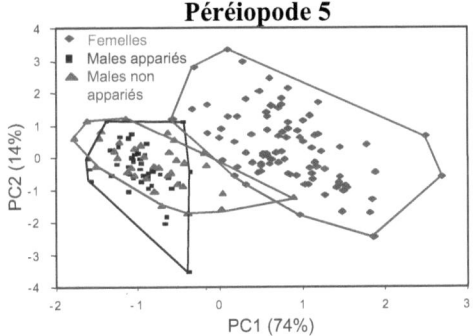

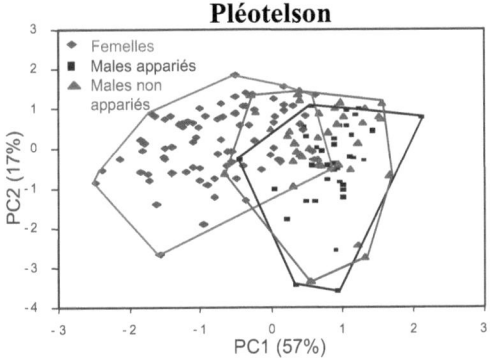

Figure 5 : Espaces morphologiques définis par les deux premières composantes principales et construits à partir des analyses des contours des trois structures étudiées. Les femelles, les mâles appariés et les mâles non appariés sont distingués (d'après Bertin et al., 2002).

Ce travail combinant les approches morphométrique et comportementale apparaît comme assez innovant et prometteur. Il illustre, une fois encore, la capacité des méthodes d'analyse de forme à mettre en évidence des différences morphologiques pouvant être subtiles et par là même démontre leur potentiel pour les études de microévolution. Les études centrées sur la sélection sexuelle sont très demandeuses d'approches objectives et quantifiées des phénotypes. Notre étude montre que les méthodes de morphométrie modernes (en particulier la morphométrie géométrique) peuvent élargir considérablement le champ d'investigation de l'écologie comportementale.

PARTIE 2

Etude de la relation entre divergence de taxons en voie de différenciation et instabilité de développement de leurs hybrides

Dans le cadre de la problématique générale de la dynamique de la différenciation, et quand on est en mesure d'identifier des entités (génétiques et/ou morphologiques, comme dans le cas de *C. solieri*), une question essentielle se pose quant aux conséquences de cette différenciation : les entités vont-elles continuer à se différencier et devenir à terme des espèces différentes ? ou, à l'inverse, les flux géniques vont-ils mener à leur mélange et leur homogénéisation ? Si la question est simple, apporter une réponse est toujours complexe. Dans le cas précis de *C. solieri*, et à ce stade de l'étude, aucun argument ne permet par exemple de favoriser le scénario de la spéciation par rapport à celui du mélange secondaire. Le phénomène de spéciation n'est pas observable à une échelle humaine et les seuls éléments dont nous disposons sont des indications indirectes, en général issues de l'étude des hybrides. Ces derniers offrent en effet l'opportunité d'étudier les systèmes impliqués dans des incompatibilités entre les entités parentales et par conséquent dans la spéciation. Plusieurs approches sont possibles, elles peuvent notamment concerner l'étude comparative des clines de fréquences de différents marqueurs dans les zones d'hybridation et/ou plus généralement, l'estimation de différents paramètres de la valeur sélective des hybrides, *in natura* ou dans des croisements expérimentaux. L'étude de l'instabilité de développement morphologique, parce qu'elle permet d'évaluer l'étendue de la divergence des systèmes de gènes impliqués dans cette fonction particulière chez les différentes entités parentales, s'inscrit dans ce cadre (Graham 1992; Auffray *et al.* 1996; Alibert & Auffray 2003).

L'instabilité de développement se définit comme le résultat des processus qui, dans un environnement donné, perturbent le développement le long d'une trajectoire développementale (Palmer 1994)[2]. Ce "bruit de fond" développemental, non héritable, est lié à des évènements indépendants qui perturbent le déroulement normal du développement et qui entraînent une variation d'origine stochastique dans la croissance (Polak 2003). Pour mesurer la part de variabilité morphologique liée à ce processus il est indispensable de s'affranchir des autres sources de variabilité morphologique que sont la variabilité génétique et la variabilité environnementale. Ainsi, le moyen le plus courant de quantification de l'instabilité de développement est la mesure de la variabilité morphologique intra-individuelle entre structures homologues répétées. Cette approche repose sur le postulat que des caractères homologues (appelés aussi caractères répétés) au sein d'un individus sont contrôlés par les mêmes gènes et sont soumis au même environnement au cours de leur développement. Toute variation entre ces caractères traduira donc de l'instabilité de développement. Les structures répétées les plus fréquentes dans la nature sont les structures bilatérales. La mesure de l'asymétrie fluctuante (Van Valen 1962) est par conséquent l'approche quantitative la plus largement utilisée dans ce contexte (Palmer 1994). Elle consiste à mesurer les différences survenant entre les côtés droit et gauche de caractères morphologiques bilatéraux normalement symétriques ; toute déviation à la symétrie étant interprétée comme une diminution de la stabilité du développement.

---

[2] *A contrario*, la stabilité de développement se définit comme le résultat des processus qui résistent à ces perturbations (voir la partie 3 pour une présentation plus précise et plus exhaustive des définitions des différents patrons et processus liés au contrôle du développement).

L'asymétrie fluctuante est une mesure simple mais qui possède une profonde signification biologique. La stabilité de développement peut être en principe affectée par des facteurs environnementaux ou génétiques. Par exemple, il a été montré une augmentation des niveaux d'asymétrie fluctuante chez des individus issus de populations soumises à des stress environnementaux tels que l'appauvrissement ou la pollution du milieu (Pankakoski 1985; Parsons 1990; Pankakoski *et al.* 1992; Graham *et al.* 1993). Par ailleurs, l'hétérozygotie, la coadaptation génomique ou l'effet de gènes particuliers sont les conditions génétiques identifiées comme susceptibles de modifier la stabilité de développement (Clarke 1993; Markow 1995; Alibert & Auffray 2003). De fait, l'asymétrie fluctuante est considérée comme un indicateur de condition génotypique et phénotypique et a trouvé beaucoup d'applications dans le contexte des études de biologie évolutive (sélection sexuelle par exemple), comme dans celui des études plus appliquées telle que le biomonitoring (Møller & Swaddle 1997).

Ces deux dernières décennies, l'engouement autour de cette approche morphométrique a été extrêmement important. Plusieurs centaines d'articles utilisant l'asymétrie fluctuante ont été publiés. Les débats ont été (et restent) vifs, notamment autour de la généralisation des différentes hypothèses liées à l'utilisation de l'asymétrie fluctuante et en particulier comme marqueur de valeur sélective (Leung & Forbes 1997; Møller 1997; Palmer & Strobeck 1997; Clarke 1998a; Møller 1999; Clarke 2003; Tomkins & Simmons 2003; Tracy *et al.* 2003). Une partie des critiques a également été d'ordre méthodologique (Swain 1987; Palmer 1994; Swaddle *et al.* 1995; Van Dongen *et al.* 1999; Palmer & Strobeck 2003). Notre objet n'est cependant pas ici de présenter et de discuter l'ensemble de ces éléments. Soulignons simplement que le contexte est en effet particulièrement propice aux débats, les études d'asymétrie fluctuante présentant tous les ingrédients nécessaires pour nourrir les controverses : les méthodologies adoptées sont hétérogènes, les résultats parfois contradictoires (voir par exemple les méta-analyses de Møller & Cuervo (2003) et de Tomkins & Simmons (2003) qui n'interprètent pas de la même façon les résultats hétérogènes), et les effets, quand ils sont significatifs, sont faibles.

Ces controverses ont eu entre autres conséquences positives d'inciter les auteurs à une plus grande rigueur dans les expérimentations, à plus de prudence dans certaines interprétations et ont par voie de conséquence entraîné une augmentation du nombre d'études et de données plus fiables (Polak 2003). Aujourd'hui, même si la majorité des critiques est justifiée et toujours valable, le bien fondé et l'utilité des approches utilisant l'asymétrie fluctuante ont été démontrés dans la plupart des domaines. L'appréciation de l'étendue des divergences par l'étude de l'impact de l'hybridation entre entités en voie de différenciation sur la stabilité de développement en est un.

1- Instabilité de développement et hybridation : à quoi doit-on s'attendre?

Une discussion générale de ce thème a été publiée sous la référence:
Alibert, P. and J.-C. Auffray (2003) Genomic coadaptation, outbreeding depression and developmental instability. In *Developmental instability: Causes and Consequences*, Ed M. Polak, New York: Oxford University Press, 116-134. *

La coadaptation génomique[3] et l'hétérozygotie sont les deux conditions génétiques principales identifiées comme ayant une action sur les niveaux d'instabilité de développement d'un organisme (les effets de certains gènes sont également documentés mais de façon beaucoup plus marginale). Les interactions génétiques jouent donc un rôle prépondérant (tableau II). Dans ce contexte, le cas des hybrides s'avère particulièrement intéressant. Lors d'un évènement d'hybridation entre entités différenciées, les niveaux de coadaptation génomique mais également d'hétérozygotie sont modifiés et les effets de ces modifications

---

[3] La coadaptation génomique pourrait se définir comme le résultat de la sélection ayant favorisé, au cours de l'histoire évolutive d'une population donnée, l'accumulation et le maintien de gènes fonctionnant de façon harmonieuse. En termes de génétique quantitative la coadaptation génomique correspond aux effets non additifs sélectionnés, entre (épistasie) et au sein (dominance et super dominance) des loci (Alibert & Auffray, 2003).

devraient être opposés. D'un côté l'instabilité de développement devrait augmenter en raison de la rupture de la coadaptation génomique (liée au mélange de deux génomes ayant évolué partiellement indépendamment), et d'un autre elle devrait diminuer en raison de l'augmentation du taux d'hétérozygotie attendu chez les hybrides. L'image d'une balance entre les effets opposés de ces deux conditions génétiques est généralement utilisée, l'équilibre de celle-ci dépendant de l'éloignement génétique entre les entités impliquées dans l'hybridation (Vrijenhoek & Lerman 1982; Graham 1992).

Tableau II : Résumé des interactions et des mécanismes liés aux différentes conditions génétiques agissant sur l'instabilité de développement

	Conditions génétiques influençant l'instabilité de développement					Effet de gènes particuliers
	Coadaptation génomique			Hétérozygotie		
Interactions	Interchromosomiques: interactions entre loci de chromosomes non-homologues	Internes: interactions entre loci au sein des chromosomes	Relationnelles 1: interactions entre loci de chromosomes homologues	Relationnelles 2: interactions entre allèles au sein des loci	—	—
Mécanismes	Sélection d'interactions d'épistasie favorables	Sélection d'interactions d'épistasie favorables	Sélection d'interactions d'épistasie favorables	Sélection de combinaisons favorables d'allèles (à l'état homozygote ou hétérozygote)	Masquage d'allèles récessifs délétaire (dominance) et plus grande contribution des hétérozygotes que des homozygotes au phénotype (superdominance)	Dépend de la nature des gènes

Nous avons cependant pu montrer dans une travail de synthèse portant sur les relations entre coadaptation génomique et instabilité de développement que même s'il existait une tendance globale dans le sens prédit par le modèle de Vrijenhoek & Lerman (1982), les nombreuses exceptions interdisent toute généralisation (Alibert & Auffray, 2003). Le résultat du recensement des études présenté dans le tableau III montre par exemple qu'il existe un nombre non négligeable d'hybridations inter-subspécifiques (voire spécifiques) qui se traduisent par une diminution des niveaux d'instabilité de développement. On peut constater également que les croisements entre populations, races ou lignées génèrent de façon quasi équilibrée les trois types de résultats possibles.

Tableau III : Nombre d'études indiquant une augmentation, pas de différences ou une diminution des niveaux d'instabilité de développement chez des groupes hybrides en comparaison de leurs groupes parentaux (d'après Alibert & Auffray 2003).

Niveau de croisement	Augmentation ID	ID stable	Diminution ID	Total
Genres ou espèces	17	6	1	24
Sous-espèces	3	0	6	9
Populations différenciées, lignées ou races	5	5	4	14
Total	25	11	11	47

Cette constatation démontre que les liens unissant divergence des protéines (=distance génétique[4]) et divergence des gènes de régulation (estimée ici par le niveau d'instabilité de développement) ne sont pas toujours linéaires. Ce résultat n'a rien de surprenant dans la mesure où les études sont finalement très hétérogènes. Tout d'abord les organismes considérés sont très différents et l'on compare ici des résultats obtenus sur des plantes à ceux obtenus sur des vertébrés ou des invertébrés. Même si le phénomène de coadaptation génomique concerne tous les organismes et peut être considéré comme un mécanisme général, il est fort probable que les processus de contrôle de la stabilité de développement diffèrent entre les organismes et soit le fruit d'histoires évolutives différentes au sein des grandes lignées. Par ailleurs, il existe également une hétérogénéité au niveau des méthodes statistiques de traitement de l'asymétrie fluctuante (qu'il

---

[4] Distance soit effectivement mesurée soit simplement supposée, la taxonomie ne se basant pas toujours sur des études de génétique.

s'agisse des tests préliminaires ou de la comparaison des indices d'asymétrie) qui peuvent rendre les comparaisons difficiles. Dans le cas particulier de l'hybridation se pose également le problème de l'homogénéité des échantillons d'hybrides. Dans un certain nombre d'études les hybrides sont réunis dans un seul et même échantillon. Le mélange (éventuellement déséquilibré) de génotypes potentiellement caractérisés par des niveaux d'instabilité de développement différents entraîne nécessairement un problème d'interprétation mais également un problème statistique (Graham 1992; Palmer & Strobeck 1992; Arnold & Hodges 1995; Alibert & Auffray 2003).

2- Instabilité de développement chez les hybrides au sein du complexe *C. solieri*.

Résultats publiés sous la référence:
Garnier, S., N. Gidaszewski, M. Charlot, J.-Y. Rasplus and P. Alibert (2006) Hybridization, developmental stability and functional significance of morphological traits in the carabid beetle *Chrysocarabus solieri* (Coleoptera, Carabidae). *Biological Journal of the Linnean Society* 89: 151-158 *

L'étude comparée des niveaux d'instabilité de développement morphologique de groupes parentaux et hybrides a donc été un des axes de recherche du travail qui portait sur la dynamique de l'hybridation au sein du complexe *C. solieri*. Cette approche était motivée par deux éléments principaux. Premièrement, ce modèle présente des évènements d'hybridation à des échelles spatiales et temporelles différentes. Le premier évènement, qui a eu lieu entre les deux entités ancestrales, peut être considéré comme relativement ancien, et en tous cas comme un évènement passé car il n'y a actuellement pas d'échanges génétiques entre les groupes Bonnetianus et Solieri NW (les groupes dérivés des deux entités ancestrales). Le deuxième évènement d'hybridation, qui est celui qui serait à l'origine du groupe Curtii, est plus récent et probablement encore effectif. Deuxièmement, *C. solieri*, comme tous les Chrysocarabes, est brachyptère ce qui signifie que ses élytres sont soudées et que ses ailes membraneuses sont atrophiées et peuvent être par conséquent qualifiées de vestigiales. Parmi les explications possibles de l'hétérogénéité des résultats évoqués ci-dessus, la nature des caractères étudiés est souvent évoquée. L'hypothèse est que plus les caractères sont soumis à la sélection naturelle, plus leur développement devrait être contrôlé et soustrait au bruit développemental et aux influences génétiques et développementales (Debat & David 2001). Cette hypothèse demeure néanmoins difficile à tester car il n'est pas si évident de définir *a priori* l'intensité de la sélection affectant un caractère donné. La comparaison entre caractères fonctionnels et caractères vestigiaux en fournit l'opportunité.

Un total de 678 individus appartenant à 27 populations situées le long d'un transect Sud-Ouest – Nord-Est (voir figure 1 *in* Garnier *et al.*, 2006*) ont été analysés. Quatre caractères bilatéraux ont été considérés: longueur et largeur des ailes vestigiales (WINGL, WINGW respectivement), et longueur du tibia de la deuxième et de la troisième paire de pattes (TIBMID et TIBHIND respectivement). La différence de fonctionnalité entre des ailes atrophiées et des pattes ne souffrait d'aucune ambiguïté.

Les analyses montrent qu'un seul caractère (WINGW) sur les quatre présente des variations significatives des niveaux d'asymétrie fluctuante entre les populations ($F_{26,620}=1,53$, $p=0,04$). Une ANOVA avec comparaison *a priori* (*planned comparisons ANOVA*) a par conséquent été réalisée pour ce seul caractère. Les quatre contrastes considérés sont résumés dans le tableau IV. Seul le deuxième contraste n'est pas apparu significatif.

Tableau IV : Contrastes utilisés pour l'ANOVA avec comparaisons *a priori* (AF= asymétrie fluctuante)

Contrastes	Groupes comparés	Eléments testés
<u>Contraste 1</u>		
Bonnetianus + Solieri-INW *versus* Clairi + Solieri-C	Groupes dérivés des deux entités parentales ancestrales *versus* Hybrides évènement d'hybridation ancien	Impact de l'évènement d'hybridation ancien sur l'AF des hybrides
<u>Contraste 2</u>		Différences d'AF entre
Bonnetianus *versus* Solieri-INW	Parent 1 évènement d'hybridation ancien *versus* Parent 2 évènement d'hybridation ancien	groupes dérivés des entités parentales de l'évènement d'hybridation ancien
<u>Contraste 3</u>		
Bonnetianus + Solieri-C *versus* Curtii	Parents évènement hybridation récent *versus* Hybrides évènement d'hybridation récent	Impact de l'évènement d'hybridation récent sur l'AF des hybrides
<u>Contraste 4</u>		Différences d'AF entre
Bonnetianus versus Solicri-C	Parent 1 évènement d'hybridation récent *versus* Parent 2 évènement d'hybridation récent	groupes parentaux impliqués dans l'évènement d'hybridation récent

Les résultats majeurs de cette étude peuvent être résumés comme suit:

- même si un seul caractère sur les quatre étudiés présente des variations de niveau d'asymétrie fluctuante significatives, les résultats significatifs pour ce caractère indiquent tous que les hybrides possèdent des niveaux d'instabilité de développement supérieurs à ceux des parents. L'effet lié à la rupture de coadaptation génomique semble par conséquent supérieur à celui de l'hétérozygotie.

- dans le cas de l'évènement d'hybridation le plus ancien ce résultat est plus surprenant. Il a été en effet proposé que dans les situations où les zones d'hybridations étaient suffisamment anciennes on pouvait s'attendre à une "re-évolution" de la coadaptation génomique dans les populations hybrides et donc à une absence de différences de niveau d'asymétrie fluctuante avec les entités parentales (Graham & Felley 1985; Graham 1992) . Ce n'est visiblement pas le cas ici même si il est difficile de dater précisément l'évènement d'hybridation

- comme attendu les caractères vestigiaux présentent des niveaux d'instabilité de développement bien supérieurs à ceux des caractères fonctionnels. Les niveaux d'asymétrie fluctuante des caractères alaires sont au minimum 3 fois supérieurs à ceux des pattes (figure 6).

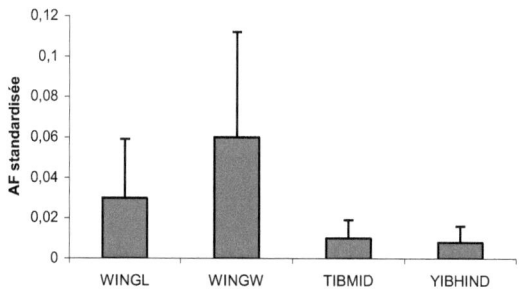

Figure 6 : Niveaux d'asymétrie fluctuante (niveaux standardisés par la taille du caractère ± écart type) pour les quatre caractères

Ces résultats sont intéressants à deux titres au moins. Pour ce qui concerne la dynamique de l'hybridation de *C. solieri* il s'agit ici d'une confirmation de la définition des groupes effectuée à l'issue des études de génétique et de morphométrie (cf chapitre précédent) : les niveaux d'instabilité de développement sont homogènes au sein des groupes définis et les différences entre groupes sont cohérentes par rapport au scénario phylogéographique proposé (les groupes présentant les niveaux d'asymétrie fluctuante les plus élevés sont, conformément à certaines prédictions, les groupes hybrides). Pour ce qui concerne l'étude de la stabilité de développement, les différences de niveau d'instabilité de développement entre ailes et pattes confirment tout l'intérêt que peut avoir l'examen des caractères vestigiaux. Notre étude est à notre connaissance seulement la seconde ayant porté sur l'analyse comparée des niveaux d'asymétrie entre caractères fonctionnels et non fonctionnels (l'autre étude étant celle de Crespi & Vanderkist (1997) sur les Thrips *Oncothrips tepperi*). Dans les deux cas les caractères vestigiaux ont très clairement révélé des niveaux d'instabilité de développement bien supérieurs à ceux des caractères fonctionnels. Ces résultats fourniraient une illustration de la diminution de la pression de sélection s'exerçant sur les caractères vestigiaux permettant une baisse des contraintes liées au contrôle de leur développement. Dans le contexte de l'hybridation cette propriété est particulièrement intéressante puisque la diminution des pressions de sélection de ces caractères particuliers a pour conséquence une plus grande accumulation de variation liée aux mutations et à la dérive génétique (Fong *et al.* 1995). Ainsi, les systèmes de gènes codant pour ces caractères et/ou contrôlant leur développement devrait diverger plus rapidement en allopatrie et fournir de meilleurs marqueurs de divergence et de dysgénèse hybride (Garnier *et al.* 2006). Ils pourraient en effet être particulièrement adaptés dans le cas de faible divergence ou d'évènement d'hybridation plus ancien.

PARTIE 3

Eléments pour l'étude des mécanismes de contrôle de la stabilité de développement

Les débats autour de la généralisation des différentes hypothèses liées à la signification et à l'utilisation de l'asymétrie fluctuante sont nombreux et vigoureux. Comme précisé plus haut les raisons des controverses sont nombreuses (cf introduction de la partie 2) mais il est évident qu'un élément favorisant est lié au fait que les bases mécanistiques de l'homéostase de développement demeurent encore très peu connues (Klingenberg 2003b; West-Eberhard 2003). L'image associée à ce contrôle qui est certainement la plus connue est celle de la métaphore du paysage épigénétique proposée par Waddington (1940 *in* Polak 2003, figure 7). Beaucoup de définitions et de concepts actuels ont incontestablement une filiation directe avec les idées développées dans le cadre de ce modèle.

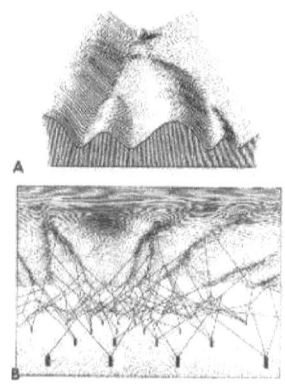

Figure 7 : Le paysage épigénétique est représenté par un paysage composé de vallées et de collines (dessin supérieur A) et dont la topographie est façonnée par l'action des gènes (dessin inférieur B). La profondeur des vallées représente les propriétés de canalisation et une balle roulant au fond d'une de ces vallées symbolise une trajectoire développementale menant à un phénotype prédéterminé. La balle résistera d'autant mieux aux perturbations (=restera dans la vallée malgré des écarts de trajectoire) que la vallée est profonde (et donc en termes développementaux, que le développement est canalisé). (D'après Waddington 1940)

Une grande confusion règne cependant dans la littérature de biologie évolutive car les mêmes termes (et celui de canalisation ne fait pas exception) sont parfois employés pour décrire à la fois des patrons et des processus ou ne font pas de distinction entre sources de variation (génétiques ou environnementales) ou entre leur nature (distinction entre conditions spécifiques ou gamme de conditions). Il semble donc nécessaire, avant toute considération sur les mécanismes de contrôle de la variation phénotypique et l'utilisation de termes très spécifiques, de les définir clairement. C'est l'objet de l'encadré 1.

Encadré 1: Des définitions et des concepts
(essentiellement d'après les synthèses de Palmer (1994) et Nijhout & Davidowitz ((2003)

Phénotype cible (ou *phénotype prédéterminé*) : phénotype qui serait spécifié par une composition génétique et des conditions environnementales données **en l'absence** complète de variation de ces facteurs et de "bruit de fond" développemental de quelque nature que ce soit.

Homéostase : terme général qui décrit les propriétés permettant à un organisme de s'ajuster à des conditions variables. La grande confusion qui règne autour de ce terme est en partie liée au fait qu'il n'est généralement pas précisé si la variation phénotypique est mesurée *au sein* d'un environnement particulier ou *entre* différents environnements (il faut entendre ici par "environnement", conditions génétiques et/ou environnementales). Des termes spécifiques décrivent ces deux situations: *homéorhésis* dans le premier cas et *canalisation* dans le second.

Homéorhésis (= *homéostase de développement*) : terme décrivant le **développement stabilisé** le long d'une trajectoire développementale aboutissant à un phénotype cible, **au sein d'un environnement donné**. Il s'agit donc ici plus de la description d'un patron que d'un processus.

Stabilité de développement : résultat des processus qui **résistent aux perturbations** affectant les trajectoires développementales (ou qui les tamponnent), au sein d'un environnement donné. La stabilité de développement serait la fonction responsable de l'*homéorhèsis*.

Instabilité de développement (= "*bruit de fond*" *développemental*) : résultat des processus qui **perturbent** le développement le long d'une trajectoire développementale, au sein d'un environnement donné. L'instabilité de développement fait donc référence à un ensemble d'évènements **indépendants**, **aléatoires** qui peuvent perturber la trajectoire normale du développement et mener à des variations stochastiques dans la croissance. Instabilité de développement et stabilité de développement influencent toutes les deux les niveaux d'asymétrie fluctuante mais c'est, dans l'état actuel des choses, l'instabilité de développement qui est mesuré par l'asymétrie fluctuante.

Asymétrie fluctuante : quantité, mesurée à l'échelle populationnelle et qui correspond aux déviations aléatoires entre côtés droit et gauche d'un caractère bilatéral normalement symétrique. Elle constitue la mesure presque systématiquement utilisée pour quantifier l'*instabilité de développement* car elle permet une appréciation simple de la déviation entre *phénotype cible* et phénotype réalisé. L'hypothèse sous-jacente étant que les deux côtés d'un caractère homologue sont codés par les mêmes gènes et se sont développés dans le même environnement, le *phénotype cible* correspond donc au phénotype parfaitement symétrique.

Canalisation : processus par lequel une structure ou un organisme se développe "en direction" d'un *phénotype cible* **sous différentes conditions** génétiques et environnementales. Dans ce contexte il est nécessaire de distinguer entre *canalisation génétique* et *canalisation environnementale*.

Canalisation génétique : processus qui réduit la sensibilité d'une structure ou d'un organisme aux **variations alléliques** (recombinaisons, mutations, épistasie). Cette réduction est liée à la modification de l'amplitude des effets alléliques (sous l'hypothèse que le nombre et la nature des locus impliqués demeure constant).

Canalisation environnementale : processus qui réduit la sensibilité d'une structure ou d'un organisme aux **variations environnementales** (température, nutriments…). La *canalisation environnementale*, à la différence de la *stabilité de développement*, se produit sous un ensemble de conditions environnementales différentes.

Plasticité phénotypique : terme général utilisé pour décrire la variation phénotypique produite par **un génotype** en réponse aux variations environnementales. En terme de phénotype *plasticité phénotypique* et *canalisation environnementale* décrivent les opposés d'un même phénomène même si il est impossible de dire si les processus impliqués sont identiques ou différents.

Norme de réaction : type de plasticité phénotypique utilisé pour décrire l'ensemble des phénotypes produits par un génotype en réponse à différentes conditions environnementales.

1- Variation phénotypique et instabilité de développement

Les sources de variation phénotypique

Pour résumer, on distingue deux sortes de variation phénotypique (figure 8). La première correspond à la variation systématique du phénotype cible en réponse aux variations des conditions génétiques (="sensibilité" aux variations alléliques) et environnementales (=norme de réaction). La deuxième correspond à la variation autour du phénotype cible et représente l'incapacité de l'organisme à réaliser parfaitement ce phénotype. Ainsi, l'évolution de la variation phénotypique peut avoir deux origines différentes: la modification de la sensibilité du phénotype cible aux conditions environnementales ou génétiques (la courbe des phénotypes cibles s'aplatit sous l'effet de la canalisation environnementale ou génétique ; figure 8A) ou la réduction de la dispersion des points autour de la courbe des phénotypes cibles (=réduction des effets des perturbations du développement = meilleure stabilité de développement ; partie gauche figure 8A et mécanismes détaillés en figure 8B).

Les causes de l'instabilité de développement

Nijhout & Davidowitz (2003) recensent trois causes distinctes pouvant être responsables de la dispersion des points autour du phénotype cible ou, autrement dit, de l'instabilité de développement. La première est directement liée à notre méconnaissance de la totalité des variables susceptibles d'avoir un effet sur le phénotype. L'absence de prise en considération de l'effet de certains facteurs lors de l'estimation du phénotype cible entraînerait donc une définition approximative de ce dernier et donc nécessairement une interprétation erronée d'une partie des déviations entre phénotype cible et phénotype effectivement réalisé. La deuxième serait spécifiquement liée aux différences micro-environnementales auxquelles peuvent être soumis les organismes au cours de leur développement, et pouvant être à l'origine de variations (par définition non aléatoires) entre côtés droits et gauche. Cette source de variation aura ici encore pour effet d'augmenter artificiellement les niveaux d'asymétrie fluctuante. Enfin, la troisième correspond aux résultats de l'effet des perturbations stochastiques intervenant durant le développement du phénotype. Elle est considérée comme la cause principale d'instabilité de développement et d'asymétrie fluctuante. C'est précisément cette part de l'instabilité de développement que les chercheurs tentent généralement de quantifier. Les questions reliées aux origines de ces variations stochastiques restent cependant largement irrésolues. En général des variations dans les gradients morphogénétiques (qui seraient à l'origine de différences d'interprétation du signal par les cellules cibles) ou dans les processus de régulation de l'expression génique (par exemple des petites variations stochastiques, sans effet à de fortes concentrations, pourraient entraîner un comportement plus chaotique des mécanismes d'expression génique) sont avancés comme des processus probables (Palmer, 1994, Nijhout & Davidowitz, 2003, Klingenberg, 2003b). La pertinence de ces facteurs comme causes de l'instabilité de développement et les possibles mécanismes de son contrôle tout au long du développement ont été testé par le biais de différents modèles (certains s'appuyant sur des données empiriques). L'objet n'est pas ici de présenter l'ensemble de ces modèles, pour des synthèses récentes le lecteur pourra par exemple se reporter aux articles de Klingenberg (2003b), de Kellner & Alford (2003) ou de Graham et al. (2003).

Qu'il s'agisse de l'étude de l'impact de stress environnementaux (travaux sur les oursins notamment), de sélection directionnelle ou de mutation (travaux sur les drosophiles) nous verrons que les travaux de recherche présentés ci-après trouvent tous une place dans les questionnements centrés sur l'origine et le contrôle de la variation phénotypique et notamment de l'instabilité de développement.

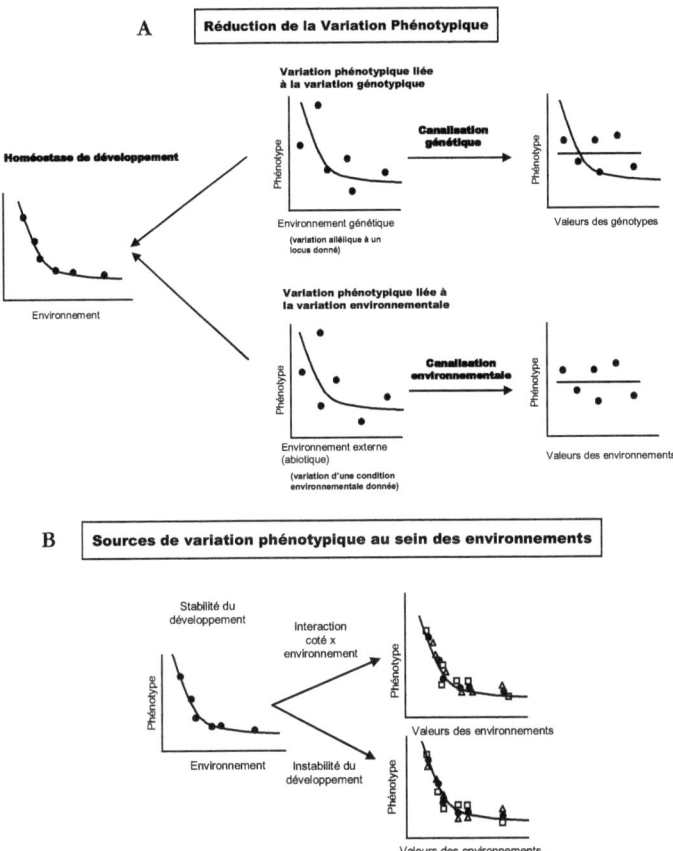

Figure 8 : Sources de variation phénotypique et mécanismes de réduction en réponse aux variations des conditions génétiques et environnementales. La ligne pleine représente le phénotype cible et les points la variation individuelle autour de ce phénotype. La canalisation génétique et environnementale réduisent la variation du phénotype cible *entre* les différents environnements, variation non affectée par la réduction de la variation autour du phénotype cible (homéostase du développement) qui intervient *au sein* d'un environnement donné. Les sources de variation *au sein* d'un environnement donné sont schématisées sur la figure B : les carrés représentent les phénotypes pour les côtés gauches et les triangles les phénotypes des côtés droits (un seul individu est représenté par type d'environnement). Dans une situation de stabilité de développement (partie gauche) la variation autour du phénotype cible est faible. Sous une situation d'instabilité de développement (partie droite en haut) les deux côtés de l'organisme, soumis au même environnement, produisent différents phénotypes. Des conditions micro-environnementales (partie droite en bas) peuvent également être responsables de variation phénotypique entre les deux côtés (voir texte). D'après Nijhout & Davidowitz (2003), modifié.

Le rôle des stress environnementaux

La sensibilité des organismes aux conditions environnementales constituait pour nous une propriété essentielle dans la mesure où toute étude orientée sur les mécanismes de contrôle de la stabilité de développement nécessite des situations contrastées responsables de la plus grande variation possible dans les niveaux d'asymétrie fluctuante. Ainsi en considérant des individus issus de milieux stressants (par exemple pollués comme dans le cas des oursins, cf ci-dessous) et d'autres issus de milieux *a priori* dépourvus d'agents stressant, l'on se place dans les conditions d'étude recherchées. Les travaux résumés ci-dessous se basent tous sur la comparaison d'individus ou de populations présentant des niveaux d'instabilité de développement contrastés dans l'objectif ultime, à l'exception de celui réalisé sur les gammares[5], d'étudier différents facteurs liés au contrôle de la stabilité de développement.

2- Un exemple de relation asymétrie fluctuante-stress environnemental : le parasitisme chez *Gammarus pulex*

Résultats publiés sous la référence:

Alibert, P., L. Bollache, D. Corberant, V. Guesdon & F. Cézilly (2002). Parasitic infection and developmental stability: fluctuating asymmetry in *Gammarus pulex* infected with two acanthocephalan species. *Journal of Parasitology* 88(1): 47-54. *

Ce travail s'intègre dans une problématique générale qui avait pour objectif général d'étudier la variation dans le degré d'homogamie pour la taille en fonction de variables externes (qualité de l'eau, température, teneur en calcium) et de variables internes (qualité des individus) chez le crustacés amphipode *Gammarus*

---

[5] Ce travail avait plus pour objectif de répondre à une question précise sur l'impact potentiel du parasitisme que celui de l'étude des mécanismes plus fins de contrôle de la stabilité de développement.

pulex. Une partie de ce programme se concentrait sur l'impact de la charge parasitaire sur la qualité générale des individus. Ma contribution était de réaliser une approche comparative des niveaux d'asymétrie fluctuante des individus en fonction de leur niveau d'infestation par deux acanthocéphales parasites, *Pomphorhynchus laevis* et *Polymorphus minutus*. Dans un travail de synthèse Møller (1996) a mis en avant que la prévalence tout comme l'intensité des infections parasitaires étaient, dans la plupart des cas, associées à des diminutions significatives des niveaux d'instabilité de développement (Hoffmann *et al.* 1998; Quek *et al.* 1999). Cependant ces études concernent un nombre limité de taxons de parasites et la stabilité de développement avait été estimée uniquement sur des hôtes définitifs. L'originalité de notre travail était (1) que la relation entre asymétrie-parasitisme été étudiée simultanément sur deux espèces de parasites proches mais soumises à des contraintes écologiques différentes et (2) pour la première fois cette relation été étudiée sur des hôtes intermédiaires et non des hôtes définitifs (ces derniers étant les oiseaux pour *P. minutus* et les poissons pour *P. laevis*). Nous savions par ailleurs que l'impact de ces parasites sur les gammares était réel puisqu'il a notamment été montré une baisse de la fertilité chez les gammares infestés par ces deux espèces de parasites (Ward 1986; Poulton & Thompson 1987). De plus, les deux parasites entraînent des modifications comportementales (géotactisme par *P. minutus*, phototactisme par *P. laevis*) chez les gammares qui ont pour conséquence d'augmenter leurs chances d'être prédaté par les hôtes définitifs des parasites (Cézilly *et al.* 2000).

Différents paramètres ont été pris en considération dans notre étude: présence ou absence de parasite, nature du parasite (*P. laevis* ou *P. minutus*), charge parasitaire, présence simultanée ou non des deux espèces de parasites. Les niveaux d'asymétrie fluctuante ont été estimés à partir de six caractères morphologiques bilatéraux (sur les antennes et sur les pattes)

Nous avons trouvé une association positive entre les niveaux d'asymétrie fluctuante et les niveaux d'infection parasitaire, les gammares parasités étant plus asymétriques que les gammares sains (Alibert *et al.* 2002). Cette association concerne un index combinant deux caractères (les deux caractères méristiques) sur les six étudiés. Aucun effet de la charge parasitaire n'a été trouvé mais la présence simultanée des deux espèces de parasites semble associée avec des niveaux d'asymétrie fluctuante plus élevés des hôtes (même si cette tendance n'est pas statistiquement significative). Enfin, les mâles apparaissent, à niveau d'infection parasitaire égal, plus asymétriques que les femelles. Une première conclusion de cette étude est que les parasites considérés pourraient avoir un effet direct sur l'instabilité de développement de leur hôte. Le fait que les gammares présentant simultanément les deux espèces de parasites puissent présenter des niveaux d'asymétrie fluctuante supérieurs fournirait un argument dans ce sens. Une plus grande gamme d'individus parasités par un nombre de parasites différents ou, mieux encore, des infestations expérimentales seraient à ce stade nécessaires pour confirmer cette affirmation. Un deuxième enseignement que l'on peut tirer de ces résultats est que l'histoire sélective des caractères morphologiques pourrait expliquer les différences de réponse en termes d'asymétrie fluctuante que nous avons observées entre les différents caractères étudiés. Trois caractères sur les quatre qui n'ont donné aucun résultat significatif sont des caractères concernant les péréopodes et sont donc impliqués dans la locomotion. Il est par conséquent possible qu'ils soient soumis à de plus fortes pressions de sélection stabilisatrice que les deux caractères méristiques (nombre de soies internes sur le basipodite du péréiopode 5 et nombre de segments du flagellum de la seconde paire d'antennes) qui ont livré des résultats significatifs. Ce type de résultat rejoindrait en tous points ceux obtenus chez le carabe *C. solieri* lors de la comparaison des niveaux d'asymétrie fluctuante de caractères fonctionnels et vestigiaux.

3- Asymétrie fluctuante chez les oursins : un autre éclairage sur l'instabilité de développement

Un cas de symétrie bilatérale :
Pollution et instabilité de développement chez
Echinocardium flavescens dans la baie d'Oslo

Résultats publiés sous la référence:
Saucède, T., P. Alibert, B. Laurin & B. David (2006) Environmental and ontogenetic constraints on developmental stability in the spatangoid sea urchin *Echinocardium* (Echinoidea). *Biological Journal of the Linnean Society* 88: 165-177. *

Les spatangues, oursins irréguliers fouisseurs, sont des organismes détritivores endobenthiques particulièrement sensibles aux variations d'environnement et en particulier à la nature du sédiment : granulométrie, qualité de la matière organique, degré de pollution... (voir Saucède *et al.* 2006*). En considérant des populations issues de milieux présentant des conditions environnementales contrastées, nous nous plaçons dans des situations potentiellement responsables de niveaux d'instabilité de développement variables. Comme précisé plus haut cette situation est nécessaire à l'étude de facteurs impliqués dans les mécanismes de contrôle de la stabilité de développement.

L'objectif général était ici double: (1) appliquer pour la première fois les méthodes de morphométrie géométrique pour l'analyse de l'asymétrie fluctuante chez les oursins et (2) voir si les variations de niveau d'asymétrie fluctuante pouvaient être reliées au processus de croissance des oursins, et plus précisément voir s'il existait un changement graduel des niveaux d'asymétrie le long de la zone ambulacraire.

Deux populations d'*Echinocardium flavescens* ont été récoltées sur deux sites des côtes scandinaves de Norvège, caractérisés par des environnements contrastés. Le premier site (Bodø), situé près d'une petite ville au nord du cercle polaire arctique, constituait l'échantillon témoin car potentiellement très peu soumis à de quelconques pressions anthropiques. Le deuxième site, (Drøbak) est situé dans le fjord d'Oslo et correspond à l'échantillon issu d'un milieu potentiellement stressant en raison des activités humaines importantes régnant tout autour du fjord (et en particulier à Oslo). Différents descripteurs morphologiques ont été considérés: surface des plaques, distances entre points de repères, taille et forme des deux ambulacres postérieurs (ambulacres I et V, cf figure 1 dans Saucède *et al.* 2006). Conformément aux attentes, c'est la population de Bodø qui présente les niveaux les plus faibles d'asymétrie fluctuante pour les caractères de taille (surface de plaque, distances et tailles centroïdes). Cependant, et de façon assez surprenante, cette même population apparaît plus asymétrique que celle de Drøbak si l'on s'intéresse à l'asymétrie fluctuante de forme. Deux hypothèses ont été émises pour expliquer ce résultat: (1) il n'existe pas de corrélations entre asymétrie de taille et de forme quel que soit le mécanisme expliquant la plus grande asymétrie de forme dans le milieu le moins pollué (mécanisme qu'il resterait à expliquer) ou (2) l'asymétrie de forme n'est, chez cette espèce au moins, pas dépendante des conditions environnementales mais pourrait par exemple résulter de différences de conditions génétiques des individus issus des populations comparées. Cependant tout cela reste très hypothétique et nous ne disposons à ce stade d'aucun argument permettant d'appuyer l'une ou l'autre de ces hypothèses.

Une étude comparée des variations inter-invoduelles et des niveaux d'asymétrie a également été entreprise. Une question récurrente est en effet celle de l'existence ou non d'une corrélation entre variation inter-individuelle et asymétrie fluctuante, la première approche permettant de quantifier la canalisation, la seconde de quantifier la stabilité de développement (Klingenberg & McIntyre 1998; Debat & David 2001). Cette question est importante car une corrélation significative entre asymétrie fluctuante et variabilité inter-individuelle pourrait signifier que des processus identiques participent à l'expression de ces deux composantes de la variation phénotypique (Clarke 1998b; Klingenberg 2003a). Les résultats des études qui se sont penchées sur cette question sont parfois contradictoires, des corrélations positives ont été trouvées chez des insectes (Klingenberg & McIntyre 1998; Klingenberg *et al.* 2001) et chez la souris domestique (Leamy 1993) mais une absence de corrélation a également été reportée chez la souris domestique (Debat *et al.* 2000).

Dans notre étude, variation inter-individuelle et asymétrie fluctuante ont été estimées au sein de chaque échantillon ainsi qu'entre échantillons (voir encadré 2 pour un exposé du principe de l'approche). Pour les deux types d'analyses les corrélations sont apparues significatives. Ce résultat pourrait fournir un exemple supplémentaire venant supporter l'hypothèse de mécanismes développementaux partagés entre stabilité de développement et canalisation. Cependant corrélation n'est pas causalité et un patron commun de variabilité peut également être lié à des causes extrinsèques. Ici en effet les variations intra-individuelles (instabilité de développement) tout comme les variations inter-individuelles (canalisation) sont orientées selon l'axe de croissance des structures étudiées (les ambulacres postérieurs) et leur intensité semble dépendre de la vitesse de croissance des plaques. Ces deux éléments pourraient ainsi attester de contraintes architecturales exprimées au cours du développement de l'oursin et qui seraient responsables des corrélations relevées.

> **Encadré 2: Principe de la quantification de l'asymétrie fluctuante et de la variabilité inter-individuelle de forme**
>
> Pour la forme, l'asymétrie fluctuante comme la variabilité inter-individuelle ont été estimées, pour chaque échantillon, à partir des ANOVA (individu × côté) réalisées sur chacun des 24 résidus (correspondant aux coordonnées x, y, des 12 points de repère) issus de l'analyse Procrustes généralisée. Les valeurs des sommes des carrés, sommées et ajustées, des sources de variation "individus" et "interaction individu × coté" correspondent, respectivement, aux indices de variabilité inter-individuelle et d'asymétrie fluctuante. Les valeurs de corrélation entre les deux sont obtenues après obtention des matrices de variance-covariance issues d'une MANOVA à 2 facteurs (individu × côté) réalisée sur les 24 résidus. Des tests de corrélation de matrice sont réalisés, entre les différentes sources de variation, au sein et entre les échantillons et leurs valeurs sont testées par l'intermédiaire de tests de permutations (adaptés à ce type de données puisque conservant associées les paires de coordonnées x, y,). Cette méthode générale d'analyse a été mise au point par Klingenberg & McIntyre (1998).

Un cas de symétrie pentaradiée : Pollution et instabilité de développement chez *Paracentrotus lividus* et *Arbacia lixula* dans la baie de Marseille

A l'instar du travail précédent il s'agissait ici de comparer des niveaux d'aymétrie fluctuante entre populations d'oursins issues de milieux contrastés en termes de pollution. Ce travail, réalisé dans le cadre du travail de recherche de Master de Yoland Savriama (2004-2005), a porté sur deux espèces d'oursins réguliers. Les objectifs étaient ici (1) d'établir une nouvelle méthode permettant d'estimer les niveaux d'asymétrie fluctuante chez des organismes présentent une symétrie pentaradiée, et (2) de déterminer si les niveaux d'asymétrie fluctuante de *Paracentrotus lividus* et *Arbacia lixula* augmentaient sous l'effet de la pollution chimique et organique. Pour chaque espèce quatre populations (N=50 dans la majorité des cas) ont été considérées et différents caractères morphologiques ont été mesurés en fonction des espèces (tableau V).

Tableau V: Caractères morphologiques mesurés pour chacune des deux espèces

	P. lividus	*A. lixula*	Toutes les populations	Deux populations seulement
Longueur des ambulacres	×	×	×	
Nombre de tubercules par ambulacre	×		×	
Nombre de doublets de pores par ambulacre		×	×	
Hauteur de la lanterne d'Aristote	×			×
Largeur de la lanterne d'Aristote	×			×

L'analyse statistique des données a été réalisée à partir de la méthode proposée par Van Dongen *et al.* (1999) basée sur un modèle mixte de régression utilisant le maximum de vraisemblance restrictif (REML) comme paramètre d'estimation. Sans rentrer dans les détails, car ce n'est pas le propos ici, retenons simplement que ce modèle permet de tester la signification de l'asymétrie fluctuante par rapport à l'erreur de mesure mais aussi de tester au sein du même modèle l'hétérogénéité de l'erreur de mesure, de tester et de corriger par rapport à la présence d'asymétrie directionnelle, d'antisymétrie et/ou de dépendance par rapport à la taille du caractère. Il était également possible d'étendre ce modèle à l'étude de symétrie d'ordre n (cette extension a été réalisée par Leif Stige sous R).

La présence d'asymétrie directionnelle a été détectée pour les deux espèces et tous les caractères étudiés. Ce résultat est conforme avec ce que nous avions trouvé chez l'oursin irrégulier *Abatus cordatus* (cf paragraphe suivant). Lorsque les échantillons issus de milieux présumés pollués (présomptions basées sur des indices de contamination du sédiment en différents points de la baie de Marseille, voir Perez *et al.* (2005)) sont comparés à ceux de milieux présumés sains seul le caractère "doublet de pores" (chez *A. lixula*) présente des niveaux d'aymétrie fluctuante significativement hétérogènes (supérieur dans la zone polluée). En revanche, si les sites sont regroupés, non pas par niveau de pollution supposé, mais par secteur géographique de provenance, les échantillons issus de l'Est de la baie de Marseille présentent des niveaux d'asymétrie fluctuante plus élevés pour trois des quatre comparaisons effectuées. Le secteur Est correspond au secteur de relarguage des égouts de Marseille et il est donc possible que les oursins étudiés soient sensibles à des paramètres autres que ceux ayant servi pour définir les zones comme polluées ou non polluées. D'un point de vue méthodologique ce travail a permis une avancée intéressante, celle de la mise au point d'une méthode d'analyse de symétrie d'ordre n.

Encadré 3: Principe du modèle mixte de régression utilisant le maximum de vraisemblance restrictif comme paramètre d'estimation (REML) et extension à des symétries d'ordre n (d'après Van Dogen et al. (1999) et Savriama (2005))

Modèle pour symétrie bilatérale:

Modèle complet : $Y_{ijk} = \mu + \beta + bl_i + b2_{ij} + E_{ijk}$
Modèle réduit : $Y_{ijk} = \mu + \beta + bl_i + E_{ijk}$

(les lettres grecques indiquent les effets fixes, les lettres latines les effets aléatoires)
Avec Y_{ijk} = observation d'un individu i pour le côté j (i =1,... ,n ; j = -1, 1), répétition k (k =1,... ,r), μ = intercept fixe, β = effet côté fixe (asymétrie directionnelle), bl_i = intercept aléatoire indépendant et normalement distribué ~ (ind) N (0, σ1), $b2_{ij}$ = effet côté aléatoire (AF) ~ (ind) N (0, σ 2), E_{ijk} = erreur de mesure aléatoire ~ (ind) N (0, σ 3). Dans ce modèle, les auteurs attribuent les valeurs de – 1 et 1 respectivement aux côtés gauche et droit. La significativité de la FA est testée *via* le ratio entre les REML des deux modèles.

Représentation graphique du modèle mixte proposé pour modéliser l'asymétrie fluctuante pour un jeu de données arbitraire de trois individus et de deux répétitions de mesures pour chacun des deux côtés. La ligne épaisse représente la régression fixe. Les initiales IF indiquent l'intercept fixe. La pente égale à zéro indique l'absence d'asymétrie directionnelle (AD). Les lignes de régression en pointillés représentent les effets aléatoires que sont les intercepts et les pentes, respectivement indiqués par les IA (Intercept Aléatoire) et les PA (Pentes Aléatoires). Les PA expriment le niveau d'asymétrie fluctuante individuel. Ici l'individu 2 est celui qui est le plus asymétrique (d'après Van Dongen *et al.* 1999 modifié).

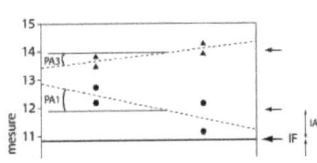

Modèle pour symétrie d'ordre n:

Modèle complet : $Y_{ijk} = \mu + \beta_j + bl_i + b2_{ij} + E_{ijk}$
Modèle réduit : $Y_{ijk} = \mu + \beta_j + bl_i + E_{ijk}$

(les lettres grecques indiquent les effets fixes, les lettres latines les effets aléatoires)
Avec Y_{ijk} = observation d'un individu i pour le côté j (i =1,... ,n ; j = -1, 1), répétition k (k =1,... ,r), μ = intercept fixe (moyenne générale), β_j = effet module fixe, bl_i = intercept aléatoire (effet individu) indépendant et normalement distribué ~ (ind) N (0, σ1), $b2_{ij}$ = effet module aléatoire (AF) ~ (ind) N (0, σ 2), E_{ijk} = erreur de mesure aléatoire ~ (ind) N (0, σ 3).
L'effet module fixe représente la différence entre chaque module d'un individu (moyenne des répétitions pour un module) et la moyenne générale. Ce paramètre modélise donc l'asymétrie directionnelle pour un module.
L'effet module aléatoire est calculé à partir de la différence entre chaque module d'un individu (moyenne des répétitions pour un module) et la moyenne de l'individu (moyenne des répétitions pour tous les modules). Ce paramètre modélise l'asymétrie fluctuante pour un module.

4- De l'asymétrie directionnelle... fluctuante

Résultats publiés sous la référence:
Stige, L. C., David, B. & P. Alibert (2006) On hidden heterogeneity in directional asymmetry - can systematic bias be avoided? *Journal of Evolutionary Biology* 19: 492-499 *

L'asymétrie fluctuante n'est pas la seule forme d'asymétrie présente chez les organismes. L'asymétrie directionnelle et l'antisymétrie, correspondent toutes les deux à des déviations systématiques entre les côtés gauche et droit, et sont considérées comme adaptatives (Palmer & Strobeck 1986). Parce que dans ces cas l'asymétrie devient la norme, les différences droite-gauche deviennent des estimateurs biaisés de l'instabilité de développement. Différents types de corrections pour l'asymétrie directionnelle ont alors été proposés, comme par exemple soustraire aux valeurs d'asymétrie individuelle la valeur de la moyenne des valeurs droite – gauche sur l'échantillon (*asymétrie directionnelle moyenne*) ou corriger *via* les ANOVA ou les régressions par le biais du facteur fixe "côté" (Graham et al. 1998, Van Dongen et al., 1999, Palmer & Strobeck 2003). De fait ces corrections qui consistent à mesurer l'asymétrie fluctuante autour de la valeur d'asymétrie directionnelle plutôt qu'autour de la valeur 0, fournissent des valeurs d'instabilité de développement non biaisées seulement dans le cas où l'asymétrie directionnelle exprimée par chaque individu (asymétrie directionnelle individuelle ou *underlying DA*[6] dans Stige *et al.* 2006) est la même pour tous les spécimens. Parce que ces variations individuelles viennent se confondre avec les variations liées à l'instabilité de développement il est généralement conseillé d'exclure les caractères présentant une asymétrie directionnelle significative.

---

[6] Cela peut être définit comme l'asymétrie droite-gauche pré-déterminée (ou "cible") pour un génotype donné, dans un environnement donné. Nous utilisons ici le terme d'*asymétrie directionnelle individuelle* par opposition à celui d'*asymétrie directionnelle moyenne* qui se définit à l'échelle populationnelle.

L'originalité de notre travail a été de montrer qu'une partie de la variation d'asymétrie directionnelle individuelle qui peut exister entre les spécimens pouvait être détectée et éliminée. Ces variations peuvent en effet être décomposées en une partie prédictible et une partie aléatoire. La partie prédictible correspond à l'association entre les asymétries droite-gauche observées et un facteur externe donné (sexe, taille, échantillon...). Il s'agit donc de la part de variation systématique de l'asymétrie directionnelle. La partie aléatoire est la part de variation des niveaux d'asymétrie directionnelle individuelle qui ne peut être associée à aucun facteur et qui, comme l'erreur de mesure, peut affecter la qualité des estimateurs d'asymétrie fluctuante et donc la puissance des analyses mais qui n'a pas de raison de conduire à des résultats faux.

L'analyse a porté sur plus de 400 spécimens de l'oursin irrégulier *Abatus cordatus* échantillonnés dans quatre localités autour des îles Kerguelen. Une étude conjointe de la taille (taille centroïde) et de la forme a été réalisée. L'analyse statistique des valeurs de taille a été effectuée par la méthode REML (cf. paragraphe précédent) et celle des valeurs de forme par la méthode Procrustes adaptée aux analyses d'asymétrie (Klingenberg & McIntyre, 1998 ; voir plus haut l'étude sur *Echinocardium flavescens*). Dans les deux cas les variations systématiques d'asymétrie directionnelle individuelle ont été détectées en rajoutant aux modèles des effets d'interaction fixes entre le facteur "côté" et différents autres facteurs d'intérêt. Par exemple l'interaction entre "côté" et "population" représente les variations populationnelles d'asymétrie directionnelle ou celle entre "côté" et "taille" les changements allométriques d'asymétrie directionnelle (voir tableau I dans Stige et al. 2006* pour un détail des effets testés pour l'analyse de la forme). Les modèles permettent en outre de corriger les effets de ces facteurs sur l'asymétrie directionnelle si ils sont significatifs.

Les résultats indiquent que les niveaux d'asymétrie directionnelle dépendent de la taille des individus et de l'origine géographique (facteur population), pour la taille comme pour la forme. La figure 9 illustre les niveaux d'asymétrie (taille centroïde) pour les quatre populations ainsi que les variations systématiques d'asymétrie directionnelle individuelle.

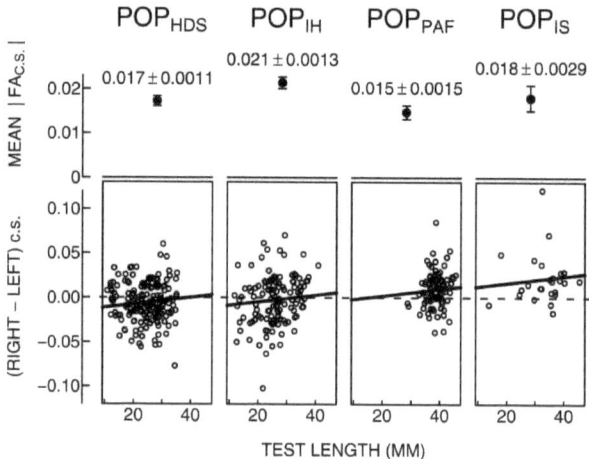

Figure 9 : Asymétrie absolue (mean |FAc.s.|) et relative [(right - left)c.s.] de la taille centroïde (c.s.). La partie inférieure de la figure montre les valeurs individuelles d'asymétrie relative (droite – gauche) en fonction de la longueur du test (test length) pour quatre populations (POP). Les droites représentent les prédictions obtenues par un modèle de régression mixte REML et correspondent aux variations systématiques d'asymétrie directionnelle (changements allométriques d'asymétrie directionnelle). La partie supérieure de la figure indique les valeurs moyennes ± écart type des valeurs d'asymétrie individuelle absolue. Ces dernières correspondent aux valeurs obtenues pour l'effet aléatoire individuel "côté" estimé à partir d'un modèle général de régression. Elles représentent l'asymétrie fluctuante corrigée pour l'asymétrie directionnelle et les erreurs de mesure (d'après Stige *et al.*, 2006).

Parallèlement, pour quantifier l'impact de la part aléatoire de variation d'asymétrie directionnelle individuelle sur la baisse de puissance de l'analyse, un modèle a été construit en estimant la corrélation entre l'asymétrie fluctuante et l'instabilité de développement en réponse à l'hétérogénéité de l'asymétrie directionnelle d'une part et de l'instabilité de développement d'autre part (voir Stige *et al.* 2006 pour une présentation plus détaillée du modèle). Ce modèle montre que la perte de puissance est probablement faible dans la plupart des cas.

5- Relation asymétrie fluctuante-valeur sélective chez la drosophile

Une des raisons de l'engouement des chercheurs pour les approches utilisant les propriétés de stabilité de développement des organismes est incontestablement liée à l'utilisation de l'asymétrie fluctuante comme marqueur de leur valeur sélective. Puisque le postulat de départ est que la symétrie parfaite (de caractères normalement symétriques) correspond au phénotype idéal, alors toute asymétrie fluctuante devrait traduire un développement non optimal et pourrait potentiellement être contre sélectionnée. La controverse autour de cette relation asymétrie fluctuante–valeur sélective existe depuis plus d'une dizaine d'année et les études présentant des résultats contradictoires sont nombreuses (Leung & Forbes 1997; Møller 1997; Clarke 1998a; Møller 1999; Simmons *et al.* 1999; Lens *et al.* 2002; Clarke 2003; Tracy *et al.* 2003). Cette hétérogénéité dans les résultats témoigne au moins d'une chose: si toutefois elle existe, la relation entre ces deux paramètres est difficile à tester. Plusieurs raisons à cela peuvent être avancées: (1) il est difficile d'estimer de façon précise les différentes composantes de la valeur sélective (donc d'un point de vue pratique les composantes de l'aptitude phénotypique) ainsi que leurs variations entre individus, (2) les niveaux d'asymétrie fluctuante sont généralement faibles (et d'autant plus si ils sont soumis à la sélection naturelle), (3) les niveaux d'asymétrie fluctuante dépendent de l'histoire évolutive des caractères (cf discussions plus haut) et (4) la relation asymétrie fluctuante -fitness n'a de sens dans le cadre du modèle des bons gènes et de la sélection sexuelle, que si l'asymétrie fluctuante est héritable, et si tel est le cas, la valeur de l'héritabilité sera très faible en raison de l'association avec la valeur sélective.

Dans le cas d'une association significative entre asymétrie fluctuante et valeur sélective on peut faire la prédiction que la plupart des populations naturelles doivent être « à l'équilibre », c'est-à-dire présenter des niveaux d'asymétrie fluctuante faibles car contre-sélectionnés (on peut donc comprendre qu'il soit difficile de mettre en évidence cette relation en raison de ces faibles valeurs et de la faible variabilité inter-individuelle de celles-ci). Une solution possible pour étudier cette relation est de se trouver dans une situation où les variations de niveau d'asymétrie fluctuante et de valeur sélective entre individus sont plus importantes car il devient, statistiquement, plus facile de la mettre en évidence. Dans ce cadre, une approche possible est la réalisation d'une expérience de sélection directionnelle intense sur un caractère déterminé car il a été démontré que ce type de sélection pouvait avoir pour effet d'augmenter l'instabilité de développement (voir Parsons, (Parsons 1990) pour une présentation d'expériences réalisées chez la Drosophile). En partant de ce constat, nous avons, dans le cadre du travail de recherche de Master de Paul-Eric Bourgeon, testé la relation asymétrie fluctuante/fitness avant et après un tel évènement de sélection. Nous faisions l'hypothèse que si la relation entre les deux facteurs existait, elle devait être d'autant plus détectable que la sélection était intense. Cette étude (inscrite dans un projet plus large proposé par Leif Stige) a été réalisée chez *Drosophila melanogaster* en considérant l'évolution des niveaux d'asymétrie de caractères morphologiques bilatéraux et leur corrélation avec certaines composantes de l'aptitude phénotypique. Les questions que nous nous posions étaient les suivantes :

- les niveaux d'asymétrie fluctuante augmentent-ils significativement au cours des générations de sélection ? ou autrement dit un évènement de sélection directionnelle entraîne-t-il un stress sur les systèmes de gènes contrôlant la stabilité de développement ?

- si oui, existe-t-il des différences suivant les lignées de sélection ?

- existe-t-il une relation entre les niveaux d'asymétrie fluctuante et les composantes de la valeur sélective étudiées ?

- si cette relation existe, est-elle plus facilement détectable en condition de stress ? ou autrement dit, évolue-t-elle au cours des générations de sélection ?

Les lignées de drosophiles ont toutes été constituées à partir d'un stock d'individus sauvages prélevés à Marsannay la Côte en septembre 2004. Le caractère ayant fait l'objet d'une sélection directionnelle est le nombre de soies sternopleurales + transverses (que nous appellerons par la suite soies sternopleurales par commodité). Ce caractère a été choisi car plusieurs travaux avaient déjà montré des niveaux d'asymétrie fluctuante significatifs sur ce caractère (Polak 1997; Indrasamy et al. 2000) ainsi qu'une réponse à la sélection directionnelle sur un grand nombre de générations (Barker & Cummins 1969; MacGrath et al. 1984; Mackay 1995). A partir du stock sauvage trois lignées ont été constituées: une lignée sélectionnée pour une diminution du nombre de soies (lignée L), une lignée sélectionnée pour une augmentation du nombre de soies (lignée H) et une lignée contrôle (lignée C). A chaque génération trois répliquas par lignée étaient réalisés et au sein de ces répliquas une partie des individus était utilisée pour des tests d'estimation d'aptitude phénotypique (succès d'appariement pour les mâles, fécondité et taux de survie larvaire pour les femelles) et une autre partie pour constituer les générations suivantes. La sélection a été appliquée sur cinq générations successives et trois caractères morphologiques (méristiques) bilatéraux ont été considérés: les soies sternopleurales, les soies frontales et les soies fronto-orbitales. Au total 3468 femelles et 3748 mâles ont été mesurés. La figure 10 montre clairement les effets forts, et conformes aux attentes, de la sélection directionnelle opérée sur les soies sternopleurales.

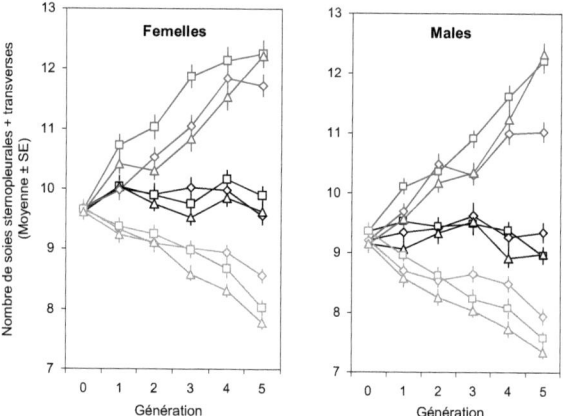

Figure 10 : Evolution du nombre moyen de soies sternopleurales au cours des générations de sélection directionnelle. Pour les deux graphiques, les trois courbes supérieures correspondent aux trois répliquas de la lignée H, les trois courbes inférieures à ceux de la lignée L et les trois centrales à ceux de la lignée C.

Des tests de Levène sur les valeurs absolues des asymétries révèlent que seuls les niveaux d'asymétrie des soies sternopleurales de la lignée H présentent une différence significative entre les générations ($F_{5,562}$ = 4,20 ; p = 0,00093). La figure 11 illustre ces tendances (les niveaux d'asymétrie ne différant pas selon le sexe et n'étant pas corrélés à la taille du caractère, les sexes ne sont pas distingués ici). Une tendance existe dans la lignée L pour ce même caractère mais elle n'est pas statistiquement significative. En revanche les niveaux d'asymétrie des deux autres types de soies ne semblent pas varier au cours des générations.

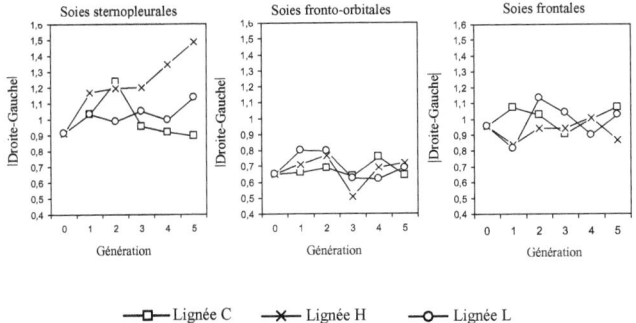

Figure 11 : Evolution des niveaux d'asymétrie |Droite–Gauche| au cours des générations de sélection pour les trois caractères morphologiques.

Seules les soies qui font l'objet d'une modification de leur niveau d'asymétrie fluctuante au cours des générations de sélection sont celles qui ont fait l'objet d'une intense sélection directionnelle. La sélection directionnelle, en provoquant une rupture de coadaptation génomique (cf partie 2), agirait comme un stress affectant la stabilité de développement (Parsons 1990; Markow 1995). L'impact de la sélection est, dans le cadre de notre expérience, limité à la stabilité de développement du seul caractère sélectionné. Cela pourrait indiquer que les gènes impliqués dans la stabilité de développement présentent une certaine indépendance avec ceux soumis à la sélection *via* les soies sternopleurales. Ainsi, cinq générations de sélection ne semblent pas suffisantes pour affecter l'homéostase de développement des individus dans sa globalité.

Concernant la relation asymétrie fluctuante – aptitude phénotypique, nous avons trouvé une relation significative (toutes générations confondues) pour deux caractères (les soies fronto-orbitales et soies frontales) sur les trois étudiés mais pour une seule lignée (la lignée H) : les mâles appariés présentent des niveaux d'asymétrie fluctuante plus faibles que les mâles non appariés (fronto-orbitales: $F_{119,119} = 1,47$; $p = 0,008$, frontales: $F_{119,119} = 1,60$; $p = 0,017$). Ce résultat est conforme à ceux de plusieurs études menées sur d'autres diptères (Allen & Simmons 1996; Blanckenhorn *et al.* 1998; Norry *et al.* 1998) mais il apparaît d'autant plus intéressant que contrairement à ces études il a été obtenu sur des caractères qui ne sont pas connus pour être directement impliqués dans la capacité des mâles à s'accoupler. Cet élément fournit par conséquent un éclairage supplémentaire dans le cadre du débat sur l'utilisation de l'asymétrie fluctuante comme marqueur de l'état général des mâles, notamment dans le contexte de la sélection sexuelle.

Si l'on s'intéresse aux différences de niveaux d'asymétrie entre les générations il apparaît que pour les deux lignées ayant subi la sélection directionnelle (lignée H et lignée L) les niveaux d'instabilité de développement des mâles appariés de la cinquième génération sont significativement supérieurs à ceux de la population sauvage de départ pour les soies frontales (aucune différence n'apparaissant significative pour les deux autres caractères). Ces résultats sont conformes aux prédictions puisque cela signifie que les niveaux d'asymétrie fluctuante ont, pour le caractère considéré, globalement augmenté mais aussi que la relation asymétrie fluctuante-aptitude phénotypique qui n'était pas détectable dans la population sauvage (ni même sur l'ensemble des générations mélangées) l'est devenue dans l'échantillon présentant les niveaux d'asymétrie les plus élevés (génération 5). En revanche aucune relation, quels que soient les échantillons considérés, n'a été trouvée entre asymétrie fluctuante et aptitude phénotypique (taux de survie larvaire ou fertilité) chez les femelles.

PARTIE 4

Des pistes prometteuses dans l'étude du contrôle de la variation phénotypique

La variation est une condition *sine qua non* de l'évolution. Les mécanismes responsables de la variation génétique nécessaire à l'évolution des caractères (mutations, recombinaisons ou polyploïdie par exemple) ont été, et demeurent, très largement étudiés. Mais la sélection naturelle s'exerce sur les phénotypes et il est par conséquent crucial d'être capable de faire le lien entre l'architecture génétique sous-jacente à un phénotype et l'expression de la variabilité de ce même phénotype. Ainsi, les questions centrées sur comment les phénotypes sont générés, contrôlés et transformés sont incontournables en biologie évolutive. Ces questions illustrent le recentrage (ou tout au moins l'élargissement) récent de la biologie évolutive du développement (*evolutionary developmental biology*) ou évo-dévo vers des questions plus centrées sur les processus microévolutifs (Corley 2002).

Les relations entre variation génétique et variation phénotypique peuvent être très complexes, notamment parce que la production de variation phénotypique non délétère est contrainte à de multiples niveaux. Le défi est de déterminer comment les processus développementaux structurent la transformation de la variation génétique et des effets environnementaux en variation phénotypique (Hallgrímsson *et al.* 2005). De fait, les études des processus limitant et structurant la variation phénotypique peuvent s'intéresser à deux types de mécanismes évolutifs (Sholtis & Weiss 2005): (1) ceux responsables de la production de phénotypes prédéterminés en dépit de la variation génétique ou environnementale (par exemple la stabilité de développement, la canalisation, la variation cryptique) et (2) ceux entraînant la production de phénotypes différents à partir du même génotype dans des environnements différents (par exemple plasticité phénotypique, norme de réaction, polyphénisme). Le programme de recherche le plus en lien avec les travaux exposés dans le présent ouvrage serait un programme particulièrement axé sur le premier point. Dans ce contexte deux directions de recherche semblent particulièrement pertinentes à suivre :

 - comprendre comment la variation phénotypique est modulée par la stabilité de développement

 - explorer les concepts de modularité et de contraintes morphologiques par l'étude des patrons de covariation morphologique chez différents taxons et à différentes échelles de temps et d'espace.

Méthodes possibles

Une des raisons de l'intérêt croissant pour les approches connectant évolution à l'échelle microévolutive et développement est liée aux avancées conceptuelles et méthodologiques récentes dans les domaines de la biologie et de la génétique du développement, des techniques bioinformatiques et de la morphométrie (Hallgrímsson *et al.* 2005). Dans un article de synthèse récent Breuker et al. (Breuker *et al.* in press) montrent clairement comment ces avancées peuvent permettre de porter un regard nouveau sur des concepts et des problématiques relativement anciens. La morphométrie, outil majeur de caractérisation des phénotypes, fournit une très bonne illustration de ce phénomène. Comme nous l'avons indiqué déjà plusieurs fois dans cet ouvrage, le développement des méthodes de morphométrie géométrique permet de quantifier les variations morphologiques sous tous leur aspects et d'utiliser cette information comme n'importe quelle donnée quantitative (Rohlf & Marcus 1993). Le potentiel de ces méthodes pour les études de stabilité de développement (Klingenberg & McIntyre 1998; Auffray *et al.* 1999; Debat *et al.* 2000; Klingenberg *et al.* 2002; Saucède *et al.* 2006), d'ontogénie (Zelditch *et al.* 2006), de modularité et d'intégration (Klingenberg *et al.* 2001; Klingenberg 2004, 2005; Richtsmeier *et al.* 2005) ou de développement en général qui commence tout juste à être exploré s'avère très prometteur.

Variation phénotypique et stabilité de développement

Aucun processus de développement n'est parfait et, en conséquence, la variation phénotypique ne s'exprime pas qu'entre les individus (comme la résultante de leur différences de génotype et/ou d'histoire évolutive) mais également au sein des individus (Willmore & Hallgrímsson 2005). Cette variation intra-individuelle peut être indirectement appréciée par la quantification des variations entre structures homologues répétées. Nous avons vu plus haut que chez les êtres vivants les structures homologues répétées les plus fréquentes étaient les structures bilatérales et que l'étude de l'asymétrie fluctuante constituait l'approche la plus communément utilisée. Malgré les débats évoqués plus haut (ou plutôt grâce à eux) l'intérêt du marqueur morphologique que constitue l'asymétrie fluctuante reste entier (Polak 2003). Une des raisons du succès persistant de l'asymétrie fluctuante est qu'elle peut être utilisée à la fois en tant que patron (par exemple lors de l'étude de son association avec des stress génétiques ou environnementaux) mais aussi en tant que processus (par exemple lors de l'étude des relations entre stabilité de développement et contrôle des voies développementales). Sont présentées ci-dessous des exemples d'études qui pourraient être mise en œuvre rapidement.

- Ontogénie de l'asymétrie fluctuante chez l'oursin

Le modèle biologique des oursins peut permettre de mieux comprendre les mécanismes responsables de la stabilité de développement et en particulier de voir si un individu est capable au cours de son ontogénie de modifier et/ou d'ajuster les niveaux de cette fonction. Les enjeux sont importants puisque la façon dont la stabilité de développement varie durant le développement des organismes peut être utilisée pour déterminer les contributions relatives des facteurs primordiaux intrinsèques (contraintes, conditions génétiques) et extrinsèques (environnement). Le modèle biologique retenu -les oursins– est, comme indiqué dans la première partie de ce mémoire, remarquablement adapté à l'étude de l'ontogénie de la stabilité de développement car les plaques constituant leur test calcaire témoignent, sur l'individu adulte, des différentes étapes de son développement. La deuxième particularité de l'étude proposée réside dans la façon d'appréhender la stabilité de développement. Nous avons vu dans la partie bilan que l'étude de l'instabilité de développement pouvait se faire, selon l'espèce considérée, de façon classique en estimant la variation entre structures bilatérales ou, de façon plus originale, entre les cinq parties homologues. Ce dernier type d'approche est particulièrement intéressant car il permet d'estimer une variabilité entre structures homologues, non pas à partir de deux valeurs (droite et gauche) comme c'est classiquement le cas, mais à partir de cinq. Le gain de puissance dans la détection d'un signal traduisant de l'instabilité de développement est donc non négligeable. Les travaux réalisés dans le cadre du travail de recherche présenté dans la partie 3 partie (étude des relations entre pollution et instabilité de développement chez deux espèces d'oursins réguliers dans la baie de Marseille) ont permis la mise au point de l'approche statistique.

Pour comprendre comment les niveaux d'asymétrie évoluent au cours de l'ontogénie d'un individu trois démarches parallèles pourraient être entreprises : (1) un suivi intra-individuel de l'asymétrie des plaques le long des ambulacres, (les plaques différent en terme d'âge, celles proches du péristome (région de la bouche) étant les plus vieilles), (2) un suivi intra-individuel de l'asymétrie des stries de croissance de plaques spécifiques et (3) une comparaison inter-individuelle de plaques homologues, provenant d'individus de différentes classes d'âge. Des trajectoires ontogénétiques d'asymétrie seront ainsi déterminées et pourront être confrontées aux prédictions que l'on peut établir *a priori* en fonction des mécanismes susceptibles d'être impliqués. Kellner & Alford (2003) ont récemment fait la synthèse des mécanismes proposés dans la littérature et ont établi pour chacun d'entre eux les trajectoires ontogénétiques attendues (figure 12).

Figure 12 : Deux exemples de trajectoires ontogénétiques d'asymétrie (R=valeur du côté droit, L=valeur du côté gauche). L'axe des ordonnées indique l'asymétrie pondérée par la taille du caractère et l'axe des abscisses indique l'âge. Le graphique de gauche illustre l'hypothèse où les accidents développementaux s'accumulent au cours de la vie de l'individu. Sous cette hypothèse on prédit donc une corrélation positive entre age et asymétrie fluctuante. Le graphique de droite illustre l'hypothèse considérant que l'accroissement en taille des structures consiste en l'accumulation de sous unités. Alors que la taille et la variance de la structure augmentent en proportion du nombre n de sous-unités, le coefficient de variation (CV) s'accroit lui en proportion de la racine carré de n. Comme l'asymétrie est la différence entre deux structures composites, quand le CV des deux côtés décroit, la différence relative entre eux décroit également. D'après Kellner & Alford (2003).

Une étude préliminaire a déjà été réalisée sur quatre populations antarctiques d'oursins irréguliers *Abatus cordatus*. A l'échelle du test, il apparaît notamment que les niveaux d'asymétrie fluctuante sont plus élevés pour les plaques les plus anciennement formées (celles situées près du péristome) et que ces niveaux d'asymétrie sont positivement corrélés entre plaques voisines et négativement entre plaques éloignées. A l'échelle des plaques, les niveaux d'asymétrie ne semblent pas décroître au cours de l'ontogénie et apparaissent corrélés entre stries d'accroissement. Ainsi, ces premiers résultats indiqueraient une absence de correction de l'asymétrie, à une échelle locale tout au moins, et suggèrent par ailleurs un rôle non négligeable des contraintes qui pourraient être liées à la structure du test (structure close). Ces résultats encourageants méritent maintenant d'être développés et élargis à d'autres espèces.

- Relation entre niveau de divergence génétique et instabilité de développement d'hybrides entre entités différenciées

Nous avons vu précédemment qu'il était proposé que chez des hybrides entre entités plus ou moins différenciées, la stabilité de développement soit le résultat de deux facteurs agissant de façon antagoniste: l'accroissement des niveaux d'hétérozygotie qui tendrait à augmenter la stabilité de développement et la rupture de la coadaptation génomique qui tendrait à la diminuer. Quand le niveau de divergence entre les entités parentales est faible ou modéré on s'attend théoriquement à ce que le premier facteur soit dominant, et à l'inverse quand le taux de divergence est plus élevé l'effet de la rupture de coadaptation génomique devrait l'emporter (Graham, 1992). Nous avons vu également que dans les faits cette règle était difficile à établir car les études comparées ne concernaient pas les mêmes groupes taxonomiques ou encore les mêmes caractères morphologiques

(Alibert & Auffray, 2003). Dans ce contexte, une piste de recherche possible serait d'étudier la relation entre niveau de divergence et niveau d'instabilité de développement des hybrides entre couples d'espèces appartenant au même groupe taxonomique. Le groupe des carabes forestiers (en particulier les espèces du complexe *Chrysocarabus* et leurs hybrides naturels ou obtenus par croisements en laboratoire) pourrait parfaitement se prêter à ce type d'étude. Une étude comparée des niveaux d'asymétrie fluctuante des hybrides pourrait être engagée parallèlement à l'échelle intra- et inter-spécifique. Les comparaisons divergence génétique-instabilité de développement des hybrides auront ainsi beaucoup plus de sens. S'il existe une corrélation positive et puisque nous savons déjà que les hybrides entre les différentes entités de *C. solieri* présentent des niveaux d'asymétrie fluctuante plus élevés que les entités parentales (Garnier *et al.* 2006), nous pouvons dès lors prédire des niveaux d'instabilité de développement encore supérieurs par exemple pour des hybrides entre *C. splendens* et *C. ponctuatoauratus*. Une telle approche fournira une meilleure compréhension du rôle des conditions génétiques supposé agir sur la stabilité de développement, mais également un éclairage supplémentaire sur la nature de la coadaptation génomique et sur son rôle dans le processus de spéciation. Ici également une étude conjointe de caractères fonctionnels et vestigiaux pourrait être envisagée.

Modularité et contraintes morphologiques

Un aspect supplémentaire de l'étude des processus limitant et structurant la variation phénotypique concerne le degré de dépendance (ou d'indépendance) des différentes parties d'une structure morphologique complexe. La morphologie d'un organisme est le résultat de systèmes de développement qui permettent à la fois une grande flexibilité (le phénotype doit être capable de répondre aux conditions environnementales) mais également une grande constance (le phénotype "final" doit être intégré et fonctionnel) (Klingenberg 2004). Un argument fréquemment avancé pour expliquer cette double propriété des organismes est celui de leur architecture modulaire (Raff 1996; Wagner & Altenberg 1996; von Dassow & Munro 1999; Bolker 2000; Schlosser 2002; Klingenberg 2004; Eble 2005). Brièvement, la morphologie des organismes (taille et forme) est le fruit du développement coordonné de ses différentes parties ou modules. Un module peut être défini comme une unité, plus ou moins individualisée, issue des interactions fortes coordonnant le développement de ses différents composants, et peut constituer une unité d'évolution relativement indépendante (Schlosser 2002; Klingenberg 2004). Cependant, même si les interactions entre modules sont par définition moins nombreuses et/ou plus faibles qu'au sein même des modules, c'est la coordination entre ces derniers qui assure un développement intégré et fonctionnel des organismes (figure 13). C'est cette double échelle d'intégration qui permettrait aux phénotypes des organismes d'être à la fois flexibles et constants.

L'identification et l'étude des modules morphologiques peut s'avérer extrêmement informative en Evolution, à la fois dans le cadre des approches fonctionnelles traditionnellement menées en biologie évolutive (par exemple la recherche des facteurs externes qui façonnent les organismes par le biais de la sélection naturelle) et les approches d'évo-dévo dites structurelles (celles qui cherchent à comprendre comment les organismes sont construits). L'étude de la modularité est présentée comme un pont possible entre ces approches fonctionnelles et celles d'évo-dévo qui ont jusqu'à présent été considérées indépendamment (Breuker *et al.* 2006).

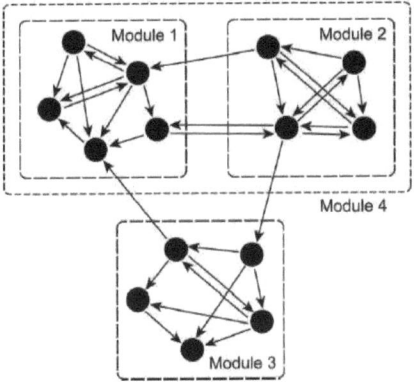

Figure 13 : Schéma théorique de quatre modules. les caractères morphologiques sont figurés par des ronds noirs et les flèches représentent les interactions entre les caractères. Un module (cas du module 4) peut être constitué de plusieurs modules. (d'après Klingenberg, 2005).

- Evolution de la modularité dans des lignées actuelles et fossiles de campagnol

L'objectif est, chez différentes espèces de campagnols (*Clethrionomys glareolus*, *Microtus (Terricola) pyrenaicus* ou *M. arvalis*) présentant des modes de croissance des dents différents (rhizodonte et hypsodonte notamment), de rechercher des patrons de covariations morphologiques entre les différentes parties de la dent qui pourraient correspondre à des modules de développement. Les méthodes d'étude seront issues des plus récentes adaptations des techniques de morphométrie géométrique proposées notamment par Klingenberg (2004, 2005). Soulignons ici que l'approche méthodologique comprend l'étude conjointe de la variabilité inter-individuelle et de l'instabilité de développement, cette dernière fournissant un moyen de distinguer entre deux types de mécanismes responsables de la covariation entre caractères : les interactions développementales directes et les variations parallèles (voir Klingenberg, 2004). Le principe de l'identification des modules est basé sur la comparaison des patrons de covariation des valeurs de variabilité inter-individuelle et des valeurs d'asymétrie fluctuante entre les modules définis *a priori*, et sur la comparaison des valeurs trouvées à celles calculées entre des partitions alternatives. Une étude préliminaire a été réalisée dans le cadre d'un travail (Laffont et al. 2009) dont l'objectif était de voir s'il existait une organisation modulaire au sein des deux premières molaires inférieures (M_1 et M_2) du campagnol *Microtus arvalis* (sachant que la partie antérieure de la M_1 est connue pour être très variable à l'échelle spécifique et générique alors que la partie postérieure apparaît beaucoup plus fixe). Les résultats obtenus sont intéressants puisque deux modules ont pu être délimités dans la M_1, mais ils sont un peu différents de la séparation morphologique faite classiquement. De fait, la localisation de ces modules peut être mise en relation avec l'existence de deux cuspides ayant un rôle important dans le développement de cette dent. Par ailleurs, quand les deux molaires sont considérées simultanément la partition entre les deux est masquée par les faibles covariations caractérisant les deux modules de la M_1. Cela pourrait signifier que les processus responsables de l'intégration au sein de la première molaire perturbent ceux de la seconde.

Une telle étude pourrait être étendue aux populations de campagnols fossiles. Il s'agira alors d'étudier l'évolution de la modularité dans l'espace et dans le temps. Il serait intéressant de voir si l'on peut relier certains épisodes de l'histoire évolutive des espèces étudiées (apparition, extinction, changement des conditions environnementales…) à une évolution des niveaux d'intégration morphologique et de modularité.

Des travaux récents combinant les connaissances sur les forces responsables des mouvements morphogénétiques à celles issues de la génétique du développement permettent dorénavant la formulation de modèles généraux de patrons de formation et de croissance de caractères morphologiques (Breuker *et al.* 2006). Les premières applications de ces modèles d'étude de variation et d'innovation morphologiques ont porté précisément sur la formation des cuspides des dents de mammifères (Jernvall 2000; Salazar-Ciudad *et al.* 2003). Les résultats obtenus R. Laffont dans le fournissent les tout premiers tests empiriques de ces modèles et il est encourageant de constater que les deux approches apparaissent congruentes.

Références citées

Adams, D. C., & D. J. Funk. 1997. Morphometric inferences on sibling species and sexual dimorphism in *Neochlamisus bebbianae* leaf beetles: multivariate applications of the thin plate spline. *Systematic Biology* **46**:180-194.

Adams, D. C., F. J. Rohlf, & D. E. Slice. 2004. Geometric morphometrics: ten years of progress following the 'revolution'. *Italian Journal of Zoology* **71**:5-16.

Alibert, P., & J.-C. Auffray. 2003. Genomic coadaptation, outbreeding depression, and developmental instability. Pp. 116-134 *in* M. Polak, ed. Developmental instability: causes and consequences. Oxford University Press, Oxford.

Alibert, P., L. Bollache, D. Corberant, V. Guesdon, & F. Cézilly. 2002. Parasitic infection and developmental stability: fluctuating asymmetry in *Gammarus pulex* infected with two acanthocephalan species. *Journal of Parasitology* **88**:47-54.

Alibert, P., B. Moureau, J.-L. Dommergues, & B. David. 2001. Differentiation at a microgeographical scale within two species of ground beetles, *Carabus auronitens* and *C. nemoralis* (Coleoptera, Carabidae): a geometrical morphometric approach. *Zoologica Scripta* **30**:299-311.

Allen, G. R., & L. W. Simmons. 1996. Coercive mating, fluctuating asymmetry and male mating success in the dung fly *Sepsis cynipsea*. *Animal Behaviour* **52**:737-741.

Arnold, M. L., & S. A. Hodges. 1995. Are natural hybrids fit or unfit relative to their parents? *Trends in Ecology and Evolution* **10**:67-71.

Auffray, J.-C., P. Alibert, C. Latieule, & B. Dod. 1996. Relative warp analysis of skull shape across the hybrid zone of the house mouse (*Mus musculus*) in Denmark. *Journal of Zoology, London* **240**:441-455.

Auffray, J.-C., V. Debat, & P. Alibert. 1999. Shape asymmetry and developmental stability. Pp. 309-324 *in* M. A. J. Chaplain, G. D. Singh and J. C. McLachlan, eds. On growth and form: spatio-temporal pattern formation in Biology. John Wiley & Sons Ltd.

Balesdent, M. L. 1964. Recherches sur la sexualité et le déterminisme des caractères sexuels d'*Asellus aquaticus* Linné (Crustacé Isopode). Université de Nancy, Nancy.

Barker, J. S. F., & L. J. Cummins. 1969. Disruptive selection for sternopleural bristle number in *Drosophila melanogaster*. *Genetics* **61**:697-712.

Barton, N. 2001. Speciation. *Trends in Ecology and Evolution* **16**:325.

Baylac, M., & T. Daufresne. 1996. Wing venation variability in *Monarthropalpus buxi* (Diptera, cecidomyiidae) and the quaternary coevolution of box (*Buxus sempervirens* L.) and its midge. Pp. 285-301 *in* L. F. Marcus, M. Corti, A. Loy, G. J. P. Naylor and D. E. Slice, eds. Advances in Morphometrics. Plenum Press, New York.

Baylac, M., C. Villemant, & S. G. 2003. Combining geometric morphometrics with pattern recognition for the investigation of species complexes. *Biological Journal of the Linnean Society* **80**:89-98.

Bertin, A., B. David, F. Cézilly, & P. Alibert. 2002. Quantification of sexual dimorphism in *Asellus aquaticus* (Crustacea: Isopoda) using outline approaches. *Biological Journal of the Linnean Society* **77**:523-534.

Blanckenhorn, W. U., T. Reush, & C. Muhlhauser. 1998. Fluctuating asymmetry, body size and sexual selection in the dung fly Sepsis cynipsea - testing the good genes assumptions and predictions. *Journal of Evolutionary Biology* **11**:735-753.

Bolker, J. A. 2000. Modularity in development and why it matters to evo-devo. *American Zoologist* **40**:770-776.

Bonadona, P. 1967. Caractères distinctifs des races françaises de *Chrysocarabus solieri* Dejean (Col., Carabidae). *Entomops* **7**:202-224.

Bonadona, P. 1973. Nouvelle Contribution à la connaissance des races françaises de *Chrysocarabus solieri* (Col., Carabidae). *Annales de la Société Entomologique Française* **9**:759-812.

Bookstein, F. L. 1991. Morphometric tools for landmark data. Geometry and Biology. Cambridge University Press, Cambridge,

Breuker, C. J., V. Debat, & C. P. Klingenberg. in press. Functional evo-devo. *Trends in Ecology and Evolution*

Cézilly, F., A. Grégoire, & A. Bertin. 2000. Conflict between co-occurring manipulative parasites ? An experimental study of joint influence of two acanthocephalan parasites on the behaviour of *Gammarus pulex*. *Parasitology* **120**:625-630.

Clarke, G. M. 1993. The genetic basis of developmental stability. I Relationships between stability, heterozygosity and genomic coadaptation. *Genetica* **89**:15-23.

Clarke, G. M. 1998a. Developmental stability and fitness: the evidence is not quite so clear. *The American Naturalist* **152**:762-766.

Clarke, G. M. 1998b. The genetic basis of developmental stability. V. Inter- and intra- individual character variation. *Heredity* **80**

Clarke, G. M. 2003. Developmental stability-fitness relationships in animals: somes theoretical considerations. Pp. 187-195 *in* M. Polak, ed. Developmental instability: causes and consequences. Oxford University Press, Oxford.

Corley, L. S. 2002. Radical paradigm shifts in evo-devo. *Trends in Ecology and Evolution* **17**:544-555.

Coyne, J. A., & A. H. Orr. 2004. Speciation. Sinauer Associates, Inc., Sunderland, Massachusetts USA,

Crespi, B. J., & B. A. Vanderkist. 1997. Fluctuating asymmetry in vestigial and functional traits of a haplodiploid insect. *Heredity* **79**:624-630.

Darnaud, J., M. Lecumberry, & R. Blanc. 1978. Coléoptères Carabidae *Chrysocarabus solieri* Dejean. 1826. *Iconographie entomologique. Coléoptères. Planche* 4:1-6.

David, B., P. Alibert, & P. Neige. 2004. Promenades dans un espace des formes. *Pour la Science* **Dossier n°44**:46-50.

David, B., & R. Mooi. 1996. Embryology supports a new theory of skeletal homologies for the phylum Echinodermata. *Compte-Rendus de l'Académie des Sciences, Paris III, Sciences de la Vie* **319**:577-584.

Debat, V., P. Alibert, P. David, E. Paradis, & J.-C. Auffray. 2000. Independence between developmental stability and canalization in the skull of the house mouse. *Proceedings of the Royal Society of London, B* **267**:423-430.

Debat, V., & P. David. 2001. Mapping phenotypes: canalization, plasticity and developmental stability. *Trends in Ecology and Evolution* **16**:555-561.

Dobzhanski, T. 1970. Genetics of the Evolutionary Process. Columbia University Press, New York,

Eble, G. J. 2005. Morphological modularity and macroevolution: conceptual and empirical aspects. Pp. 221-238 *in* W. Callebaut and D. Rasskin-Gutman, eds. Understanding the development and evolution of natural complex systems. MIT Press, Cambridge.

Fong, D. W., T. C. Kane, & D. C. Culver. 1995. Vestigialization and loss of nonfunctionnal characters. *Annual Review of Ecology and Systematics* **26**:249-268.

Garnier, S. 2003. Dynamique de la différenciation et de l'hybridation chez un carabe forestier, *Carabus solieri*: Apports des approches combinées génétique et morphométrique. Pp. 331. Thèse, Université Montpellier II.

Garnier, S., P. Alibert, P. Audiot, B. Prieur, & J.-Y. Rasplus. 2004. Isolation by distance and sharp discontinuities in gene frequencies: implications for the phylogeography of an alpine insect species, *Carabus solieri*. *Molecular Ecology* **13**:1883-1887.

Garnier, S., C. Brouat, G. Mondor-Genson, B. Prieur, F. Sennedot, & J.-Y. Rasplus. 2002. Microsatellite DNA markers for two endemic ground beetles: *Carabus punctatoauratus* and *C. solieri. Molecular Ecology Notes* **2**:572-574.

Garnier, S., N. Gidaszewski, M. Charlot, J.-Y. Rasplus, & P. Alibert. 2006. Hybridization, developmental stability and functional significance of morphological traits in the carabid beetle *Chrysocarabus solieri* (Coleoptera, Carabidae). *Biological Journal of the Linnean Society* **89**:151-158.

Garnier, S., F. Magniez-Jannin, J.-Y. Rasplus, & P. Alibert. 2005. When morphometry meets genetics: inferring the phylogeography of *Carabus solieri* using Fourier analyses of pronotum and male genitalia. *Journal of Evolutionary Biology* **18**:269-280.

Graham, J. H. 1992. Genomic coadaptation and developmental stability in hybrid zones. *Acta Zoologica Fennica* **191**:121-131.

Graham, J. H., J. M. Emlen, & D. C. Freeman. 2003. Nonlinear dynamics and developmental instability. Pp. 35-50 *in* M. Polak, ed. Developmental instability: causes and consequences. Oxford University Press, Oxford.

Graham, J. H., & J. D. Felley. 1985. Genomic coadaptation and developmental stability within introgressed populations of *Enneacanthus gloriosus* and *E. obesus* Pisces,Centrarchidae. *Evolution* **39**1:104-114.

Graham, J. H., K. E. Roe, & T. B. West. 1993. Effects of lead and benzene on the developmental stability on *Drosophila melanogaster. Ecotoxicology* **2**:185-195.

Hallgrímsson, B., J. J. Y. Brown, & B. K. Hall. 2005. The study of phenotypic variability: an emerging research agenda for understanding the developmental-genetic architecture underlying phenotypic variation *in* B. Hallgrímsson and B. K. Hall, eds. Variation. Elsevier academic press, Amsterdam.

Hey, J. 2001. The mind of the species problem. *Trends in Ecology and Evolution* **16**:326-329.

Hoffmann, A. A., M. Heraus, & H. Dagher. 1998. Population dynamics of the *Wolbachia* infection causing cytoplasmic incompatibility in *Drosophila melanogaster*. *Genetics* **148**:221-231.

Indrasamy, H., R. E. Woods, J. A. McKenzie, & P. Batterman. 2000. Fluctuating asymmetry for specific bristle characters in notch mutants of *Drosophila melanogaster*. *Genetica* **109**:151-159.

Jernvall, J. 2000. Linking development with generation of novelty in mammalian teeth. *Proceedings of the National Academy of Sciences, USA* **97**:2641-2645.

Kellner, J. R., & R. A. Alford. 2003. The ontogeny of fluctuating asymmetry. *American Naturalist* **161**:931-947.

King, M. 1993. Species evolution: the role of chromosome changes. Cambridge University Press, Cambridge,

Klingenberg, C. P. 2003a. Developmental instability as a research tool: using patterns of fluctuating asymmetry to infer the developmental origins of morphological integration. Pp. 427-442 *in* M. Polak, ed. Developmental instability: causes and consequences. Oxford University Press, Oxford.

Klingenberg, C. P. 2003b. A developmental perspective on developmental instability: theory, models and mechanisms. Pp. 14-34 *in* M. Polak, ed. Developmental instability: causes and consequences. Oxford University Press, Oxford.

Klingenberg, C. P. 2004. Integration, modules and development: molecules to morphology to evolution. Pp. 213-230 *in* M. Pigliucci and K. Preston, eds. Phenotypic integration: studying the ecology and evolution of complex phenotypes. Oxford University Press, New York.

Klingenberg, C. P. 2005. Developmental constraints, modules and evolvability. Pp. 219-242 *in* B. Hallgrímsson and B. Hall, eds. Variation. Elsevier Academic Press, Amsterdam.

Klingenberg, C. P., A. V. Badyaev, S. Sowry, & N. J. Beckwith. 2001. Inferring developmental modularity from morphological integration: analysis of individual variation and asymmetry in bumblebee wings. *The American Naturalist* **157**:11-23.

Klingenberg, C. P., M. Barluenga, & A. Meyer. 2002. Shape analysis of symmetric structures: quantifying variation among individuals and asymmetry. *Evolution* **56**:1909-1920.

Klingenberg, C. P., & G. S. McIntyre. 1998. Geometric morphometrics of developmental instability: analysing patterns of fluctuating asymmetry with procrustes methods. *Evolution* **52**:1363-1375.

Kuhl, F. P., & C. R. Giardina. 1982. Elliptic Fourier features of a closed contour. *Computer Graphics and Image Processing* **18**:236-258.

Laffont, R, Renvoisé, E. Navarro, N., Alibert, P. & S. Montuire (2009) Morphological modularity and assessment of developmental processes within the vole dental row (*Microtus arvalis*, Arvicolinae, Rodentia). *Evolution & Development* **11**, (3): 302-311

Leamy, L. 1993. Morphological integration of fluctuating asymmetry in the mouse mandible. *Genetica* **89**:139-154.

Lens, L., S. Van Dongen, S. Kark, & E. Matthysen. 2002. Fluctuating asymmetry as an indicator of fitness: can we bridge the gap between studies? *Biological Reviews* **77**:27-38.

Leung, B., & M. R. Forbes. 1997. Modeling fluctuating asymmetry in relation to stress and fitness. *Oikos* **78**:397-405.

MacGrath, J. W., J. M. Cheverud, & J. E. Buiskstra. 1984. Genetic correlation between sides and heritability of asymmetry for non metric traits in rhesus macaques on Cayo Santiago. *AM. J. Phys. Anthropolo.* **64**

Mackay, T. F. C. 1995. The genetic basis of quantitative variation: numbers of sensory bristles of *Drosophila melanogaster* as a model system. *Trends in Genetics* **11**:464-470.

Markow, T. A. 1995. Evolutionary ecology and developmental stability. *Annual Review of Entomology* **40**:105-120.

Mayr, E. 1970. Populations, species and evolution. Belknap Press, Cambridge, MA,

Moellering, H., & J. N. Rayner. 1981. The harmonic analysis of spatial shapes using dual axis Fourier analysis (DAFSA). *Geographical analysis* **13**:64-78.

Moellering, H., & J. N. Rayner. 1982. The dual axis Fourier analysis of closed cartographic forms. *The Cartographic Journal* **19**:53-59.

Møller, A. P. 1996. Parasitism and developmental instability in host: a review. *Oikos* **77**:189-196.

Møller, A. P. 1997. Developmental stability and fitness: a review. *The American Naturalist* **149**:916-932.

Møller, A. P. 1999. Developmental stability is related to fitness. *The American Naturalist* **153**:556-560.

Møller, A. P., & J. J. Cuervo. 2003. Asymmetry, size, and sexual selection: factors affecting heterogeneity in relationships between asymmetry and sexual selection. Pp. 262-275 *in* M. Polak, ed. Developmental instability: causes and consequences. Oxford University Press, Oxford.

Møller, A. P., & J. P. Swaddle. 1997. Asymmetry, developmental stability and evolution. Oxford University Press, Oxford,

Nijhout, H. F., & G. Davidowitz. 2003. Developmental perspectives on phenotypic variation, canalization, and fluctuating asymmetry. Pp. 3-13 *in* M. Polak, ed. Developmental instability: causes and consequences. Oxford University Press, Oxford.

Norry, F. M., J. C. Vilardi, & E. Hasson. 1998. Sexual selection related to developmental stability in *Drosophila buzzatii*. *Hereditas* **128**:115-119.

Palmer, A. R., & C. Strobeck. 1997. Fluctuating asymmetry and developmental stability: heritability of observable variation *vs.* heritability of inferred cause. *Journal of Evolutionary Biology* **10**:39-49.

Palmer, A. R., & C. Strobeck. 2003. Fluctuating asymmetry analyses revisited *in* M. Polak, ed. Developmental instability: causes and consequences. Oxford University Press, Oxford.

Palmer, R. A. 1994. Fluctuating asymmetry analysis: a primer. Pp. 335-364 *in* T. A. Markow, ed. Developmental Instability: Its Origins and Evolutionary Implications. Kluwer Academic Publishers, Netherlands.

Palmer, R. A., & C. Strobeck. 1992. Fluctuating asymmetry as a measure of developmental stability: implication of non normal distributions and power of statistical tests. *Acta Zoologica Fennica* **191**:57-72.

Pankakoski, E. 1985. Epigenetic asymmetry as an ecological indicator in muskrats. *Journal of Mammalogy* **66**:52-57.

Pankakoski, E., I. Koivisto, & H. Hyvärinen. 1992. Reduced developmental stability as an indicator of heavy metal pollution in the common shrew *Sorex araneus*. *Acta Zool. Fennica* **191**:137-144.

Parsons, P. A. 1990. Fluctuating asymmetry: an epigenetic measure of stress. *Biological Review* **65**:131-145.

Perez, T., D. Longet, T. Schembri, P. Rebouillon, & J. Vacelet. 2005. Effects of 12 years operation of a sewage treatment plant on trace metal occurence within a Mediterranean commercial sponge. *Marine Pollution Bulletin* **50**:301-309.

Polak, M. 1997. Ectoparasitism in mothers causes higher positional fluctuating asymmetry in their sons: Implication for sexual selection. *The American Naturalist* **149**:955-974.

Polak, M. E. 2003. Developmental instability: causes and consequences. Oxford University Press, Oxford,

Poulton, M. J., & D. J. Thompson. 1987. The effects of the acanthocephalan parasite *Pomphorhynchus laevis* on mate choice in *Gammarus pulex*. *Animal Behaviour* **35**:1577-1578.

Quek, K. C., N. S. Sodhi, & A. U. Kara. 1999. Absence of positive correlation between fluctuating asymmetry and parasitism in the Rock Pigeon. *Journal of Avian Biology* **30**:225-237.

Raff, R. A. 1996. The shape of life, Chicago and London,

Rasplus, J.-Y., S. Garnier, S. Meusnier, S. Piry, G. Mondor, P. Audiot, & J.-M. Cornuet. 2001. Setting conservation priorities: the case study of *Carabus solieri* (Col. Carabidae). *Genetics, Selection and Evolution* **33**:S141-S175.

Richtsmeier, J. T., S. R. Lele, & T. M. Cole III. 2005. Landmark morphometrics and the analysis of variation *in* B. Hallgrímsson and B. K. Hall, eds. Variation. Elsevier academic press, Amsterdam.

Rohlf, F. J., & J. W. Archie. 1984. A comparison of Fourier methods for the description of wing shape in mosquitoes (Diptera: culicidae). *Systematic Zoology* **33**:302-317.

Rohlf, F. J., & L. F. Marcus. 1993. A revolution in Morphometrics. *Trends in Ecology and Evolution* **8**:129-132.

Salazar-Ciudad, I., J. Jernvall, & S. A. Newman. 2003. Mechanisms of pattern formation in development and evolution. *Develpment* **130**:2027-2037.

Saucède, T., P. Alibert, B. Laurin, & B. David. 2006. Environmental and ontogenetic constraints on developmental stability in the spatangoid sea urchin *Echinocardium* (Echinoidea). *Biological Journal of the Linnean Society* **88**:165-177.

Savriama, Y. 2005. Asymétrie fluctuante et instabilité de développement chez des organismes pentaradiés dans des environnements contrastés de méditerrannée occidentale. Pp. 49pp. Mémoire de Master 2 Recherche, Université de Bourgogne.

Schlosser, G. 2002. Modularity and the units of evolution. *Theory in Biosciences* **121**:1-80.

Sholtis, S., & K. M. Weiss. 2005. Phenogenetics: genotypes, phenotypes, and variation. Pp. 499-518 *in* B. Hallgrímsson and B. K. Hall, eds. Variation. Elsevier Academic Press, Amsterdam.

Simmons, L. W., J. L. Tomkins, J. S. Kotiaho, & J. Hunt. 1999. Fluctuating paradigm. *Proceeding of the Royal Society of London, B.* **266**:593-595.

Swaddle, J. P., M. S. Witter, & I. C. Cuthill. 1995. Museum studies measure FA. *Animal Behavior* **49**:1700-1701.

Swain, D. P. 1987. A problem with the use of meristic characters to estimate developmental stability. *The American Naturalist* **129**:761-768.

Tomkins, J. L., & L. W. Simmons. 2003. Fluctuating asymmetry and sexual selection: paradigm shifts, publication bias, and observer expectation *in* M. Polak, ed. Developmental instability: causes and consequences. Oxford University Press, Oxford.

Tracy, M., D. C. Freeman, J. J. Duda, K. J. Miglia, J. H. Graham, & A. H. Hough. 2003. Developmental instability: an appropriate indicator of plant fitness components? Pp. 196-212 *in* M. Polak, ed. Developmental instability: causes and consequences. Oxford University Press, Oxford.

Turelli, M., N. Barton, & J. A. Coyne. 2001. Theory and speciation. *Trends in Ecology and Evolution* **16**

Van Dogen, S., G. Molenberghs, & E. Matthysen. 1999. The statistical analysis of fluctuating asymmetry: REML estimation of a mixed regression model. *Journal of Evolutionary Biology* **12**:94-102.

Van Dongen, S., L. Lens, & G. Molenberghs. 1999. Mixture analysis of asymmetry: modelling directional asymmetry, antisymmetry and heterogeneity in fluctuating asymmetry. *Ecology Letters* **2**:387-396.

Van Valen, L. 1962. A study of fluctuating asymmetry. *Evolution* **16**:125-142.

Vandel, A. 1926. La reconnaissance sexuelle chez les Aselles. *Bulletin de la Société Zoologique de France* **51**:163-172.

Via, S. 2001. Sympatric speciation in animals: the ugly duckling grows up. *Trends in Ecology and Evolution* **16**:381-390.

von Dassow, G., & E. M. Munro. 1999. Modularity i animal development and evolution: elements of a conceptual framework for evodevo. *Journal of Experimental Zoology (Mol. Dev. Evol.)* **285**:307-325.

Vrijenhoek, R. C., & S. Lerman. 1982. Heterozygosity and developmental stability under sexual and asexual breeding systems. *Evolution* **36**:768-776.

Wagner, G. P., & L. Altenberg. 1996. Complex adaptations and the evolution of evolvability. *Evolution* **50**:967-976.

Ward, P. I. 1986. A comparative field study of the breeding behaviour of a stream and a pond population of *Gammarus pulex* (Amphipoda). *Oikos* **46**:29-36.

West-Eberhard, M. J. 2003. Foreword to Developmental instability: causes and consequences. Pp. vii-vii *in* M. Polak, ed. Developmental instability: causes and consequences. Oxford University Press, Oxford.

Willmore, K. E., & B. Hallgrímsson. 2005. Within individual variation: developmental noise versus developmental stability. Pp. 191-215 *in* B. Hallgrímsson and B. K. Hall, eds. Variation. Elsevier Academic Press, Amsterdam.

Zelditch, M. L., J. Mezey, H. D. Sheets, B. L. Lundrigan, & T. Garland Jr. 2006. Developmental regulation of skull morphology II: ontogenetic dynamics of covariance. *Evolution & Development* **8**:46-60.

Oui, je veux morebooks!

i want morebooks!

Buy your books fast and straightforward online - at one of world's fastest growing online book stores! Environmentally sound due to Print-on-Demand technologies.

Buy your books online at
www.get-morebooks.com

Achetez vos livres en ligne, vite et bien, sur l'une des librairies en ligne les plus performantes au monde!
En protégeant nos ressources et notre environnement grâce à l'impression à la demande.

La librairie en ligne pour acheter plus vite
www.morebooks.fr

VDM Verlagsservicegesellschaft mbH
Heinrich-Böcking-Str. 6-8   Telefon: +49 681 3720 174   info@vdm-vsg.de
D - 66121 Saarbrücken   Telefax: +49 681 3720 1749   www.vdm-vsg.de

Printed by Books on Demand GmbH, Norderstedt / Germany